本书获湖南省高校思想政治工作质量提升工程 ＿治工作优秀
团队"建设项目（项目编号20GG037）出版资助

高校生态文明教育
理论研究与实践探索

李国强 著

湘潭大学出版社
XIANGTAN UNIVERSITY PRESS

图书在版编目（CIP）数据

高校生态文明教育理论研究与实践探索 / 李国强著
. -- 湘潭：湘潭大学出版社，2022.2
ISBN 978-7-5687-0737-4

Ⅰ．①高…　Ⅱ．①李…　Ⅲ．①生态环境－环境教育－
教学研究－高等学校　Ⅳ．① X171.1

中国版本图书馆 CIP 数据核字（2022）第 055507 号

高校生态文明教育理论研究与实践探索

GAOXIAO SHENGTAI WENMING JIAOYU LILUN YANJIU YU SHIJIAN TANSUO

李国强　著

责任编辑：丁立松
封面设计：张丽莉
出版发行：湘潭大学出版社
社　　址：湖南省湘潭大学工程训练大楼
电　　话：0731-58298960 0731-58298966（传真）
邮　　编：411105
网　　址：http://press.xtu.edu.cn/
印　　刷：长沙创峰印务有限公司
经　　销：湖南省新华书店
开　　本：787 mm×1092 mm 1/16
印　　张：8
字　　数：212 千字
版　　次：2022 年 2 月第 1 版
印　　次：2022 年 2 月第 1 次印刷
书　　号：ISBN 978-7-5687-0737-4
定　　价：49.80 元

前　言

　　生态环境，攸关人类存续；生态文明，攸关人类发展。党的十八大报告中，生态文明建设被首次纳入中国特色社会主义总体布局，与经济建设、政治建设、文化建设、社会建设一起构成"五位一体"。党的十九大报告提出，要把中国建成富强民主文明和谐美丽的社会主义现代化强国。"美丽"由此成为社会主义现代化强国的主要特征之一，人与自然和谐共生的现代化被明确为中国现代化中的一个主要内涵。2018 年 3 月，"生态文明建设"正式载入我国宪法。

　　十八大以来，习近平总书记以马克思主义政治家、理论家、战略家的深刻洞察力、敏锐判断力和战略定力，继承和发展马克思主义关于人与自然关系的思想精华和理论品格，深刻把握新时代我国人与自然关系的新形势、新矛盾、新特征，形成并确立了习近平生态文明思想。正是在习近平生态文明思想的指引下，在以习近平同志为核心的党中央坚强领导下，我国生态文明建设取得了显著成效，生态环境质量明显改善，美丽中国建设迈出了坚实步伐。

　　当然，生态文明建设和环境保护是一项复杂的系统工程，需要全社会共同参与。党的十九大报告提出要"构建政府为主导、企业为主体、社会组织和公众共同参与的环境治理体系"。为牢固树立社会主义生态文明观，推动形成了人与自然和谐发展的现代化建设新格局，倡导简约适度、绿色低碳的生活方式，2018 年，生态环境部、中央文明办、教育部、共青团中央、全国妇联编制了《公民生态环境行为规范（试行）》，希望以此引领公民践行生态环境责任，携手共建天蓝、地绿、水清的美丽中国。

　　教育是国之大计、党之大计，把生态文明建设这一关系中华民族永续发展的战略思想融入育人全过程，是教育对生态文明建设应有的贡献。只有为未来培养出具有生态文明价值观和实践能力的建设者和接班人，加强生态文明建设的战略定力，才能传之久远，以生态优先、绿色发展为导向的高质量发展新路子才能越走越宽。在新时代把生态文明教育融入育人全过程，努力推动生态文明建设迈上新台阶，是每一个教育工作者义不容辞的责任。在高等教育中，加强生态文明教育，提升大学生参与生态文明建设的实践能力，引领其养成尊重自然、爱护自然、保护环境的意识，是教育服务中华民族伟大复兴的重要使命。

　　本书首先对生态环境与人类发展的关系、生态文明建设的意义、内涵、路径、保障体系等理论问题进行了研究分析；接着概括介绍了高校生态文明教育的相关理论、现状及国外的做法与启示，并探讨了高校生态文明教育的建设路径。最后结合作者所在单位培育生态环境卫士的工作实际，介绍了部分实践案例。

长沙环境保护职业技术学院唐海珍教授团队自 2020 年 8 月立项为湖南省高校思想政治工作质量提升工程"高校思想政治工作优秀团队"建设项目（项目编号 20GG037）以来，积极开展各项建设活动，努力构建"六位一体、五翼齐飞"的高校生态文明文化育人体系，在学习宣传贯彻习近平生态文明思想方面做了不少探索。笔者作为团队核心成员，在团队工作的基础上，对生态文明教育理论积累了一些研究体会，希望对高校生态文明宣传教育尽一份绵薄之力。

"六位一体、五翼齐飞"的高校生态文明教育实施路径探索，是一种基于文化育人的实践创新，这一模式的合理性还需要在实践行动中不断修正和优化，在今后的工作中团队还会持续研究探索。

在本书的撰写过程中，参考了丰富的文献资料，在此对这些作者深表感谢！同时，本成果的出版，得到了湖南省高校"双一流"建设专项（思想政治教育）资金资助，在此一并表示感谢。

由于水平有限，书中难免存在不足之处，希望读者批评指正。

作　者

2022 年 1 月

目　录

第一章　生态环境与人类文明 ·· （1）

　　第一节　生态环境与人类发展 ······································ （1）

　　第二节　人类文明的发展历程 ······································ （4）

　　第三节　当今社会的生态环境问题 ·································· （7）

第二章　高校生态文明教育概述 ·· （17）

　　第一节　高校生态文明教育的理论基础 ······························ （17）

　　第二节　高校生态文明教育的目标 ·································· （23）

　　第三节　高校生态文明教育的意义 ·································· （28）

第三章　高校生态文明教育的现状分析 ·································· （34）

　　第一节　我国高校生态文明教育的成效 ······························ （34）

　　第二节　我国高校生态文明教育存在的问题 ·························· （41）

　　第三节　高校生态文明教育存在问题的根源 ·························· （46）

第四章　国外高校生态文明教育做法与启示 ······························ （50）

　　第一节　国外高校生态文明教育的做法 ······························ （50）

　　第二节　国外高校生态文明教育的启示 ······························ （57）

第五章　高校生态文明教育建设路径 ···································· （66）

　　第一节　完善高校生态文明教育的课程设置 ·························· （66）

　　第二节　建设良好的校园生态文化环境 ······························ （71）

第三节　培育高校可持续的生态文明意识 ……………………………………（78）

第四节　创建"绿色大学" ……………………………………………………（84）

第六章　生态文明教育与实践案例

　　　　——以长沙环境保护职业技术学院为例 …………………………（94）

第一节　打造生态环保铁军 …………………………………………………（94）

第二节　培育生态环境卫士 …………………………………………………（99）

第三节　以技术差序项目育人推进生态环境类专业人才培养 ………（107）

第一章 生态环境与人类文明

第一节 生态环境与人类发展

一、生态相关的内涵

1. 生态的内涵

在生机盎然的大自然中，繁衍着无数的生物。既有高达几十米的参天大树，又有依附在地面的地衣、苔藓；既有飞翔在云端的猎鹰，又有生活在地下的鼠类。尤其是浩瀚的大海，各种生物更是千姿百态。大自然的这些植物、动物和微生物的分布，表面上看起来似乎杂乱无章，但实际上却是井然有序的，它们都遵循着一定的生态规律，生存演化在适合于自己的特定环境中。

生物与环境因素的相互关系就是生态。"生态"一词来源于古希腊语，但在 19 世纪以前，没有独立的"生态"一词与生态学学科。直到德国动物学家海克尔于 1865 年提出"生态"这个词，他认为动物对于无机和有机环境所具有的关系就叫作生态。① 1895 年，植物生态学创始人瓦尔明又将植物纳入生态关系中，奠定了植物生态学的基础。德国学者海克尔又指出：生态学可以理解为关于生物有机体与周围外部世界关系的一般学科，而外部世界是广义的生存条件。各位学者从不同角度为这一理论的发展做了大量的研究工作，并且取得了相当多的成果。

由此可见，"生态"的内涵实际上是生物有机体与周围外部世界的关系，它是指生物在一定的自然环境下的生存和发展状态，以及生物之间和生物与环境之间息息相关的关系。因此，"生态"的内涵实际上包括两部分，一部分是生物有机体与其他生物之间的关系，而另一部分是生物有机体与非生物环境之间的关系。

2. 生态环境的内涵

生态环境，即是"由生态关系组成的环境"的简称，是指与人类密切相关的，影响人类生存与发展的水资源、土地资源、生物资源以及气候资源数量与质量的总称，是关系

---

① 高清海，胡海波，贺来. 人的"类生命"与"类哲学"——走向未来的当代哲学精神［M］. 长春：吉林人民出版社，1998.

到社会和经济持续发展的复合生态系统。①

　　"生态环境"最早组合成为一个词要追溯到 1982 年第五届全国人民代表大会第五次会议。会议在讨论中华人民共和国第四部宪法（草案）和当年的政府工作报告（讨论稿）时均使用了当时比较流行的"保护生态平衡"的提法。时任全国人大常委会委员、中国科学院地理研究所所长黄秉维院士在讨论过程中指出"平衡"是动态的，自然界总是不断打破旧的平衡，建立新的平衡，所以用"保护生态平衡"不妥，应以"保护生态环境"替代"保护生态平衡"。会议接受了这一提法，最后形成了宪法第二十六条：国家保护和改善生活环境和生态环境，防治污染和其他公害。政府工作报告也采用了相似的表述。

　　生态环境与自然环境在含义上十分相近，有时人们会将其混用，但严格说来，生态环境并不等同于自然环境。自然环境的外延比较广，各种天然因素的总体都可以说是自然环境，但只有具有一定生态关系构成的系统整体才能称为生态环境。仅有非生物因素组成的整体，虽然可以称为自然环境，但并不能叫作生态环境。生态环境是较符合人类理念的环境，是适宜人类生存和发展的物质条件的综合体。

　　3. 生态系统

　　生态学的概念被提出之后，生态学的研究范围不断扩大，"生态"的内涵也逐渐扩大。开始的时候，"生态"的内涵局限于单个生物有机体与周边环境的关系，之后逐渐演变为生物种群与周边环境的关系，后来又发展到生物群落与周边环境的关系，最后出现了生态系统概念。1935 年，英国生态学家坦斯利最先提出了生态系统的概念，认为有机体必然与它们的环境形成一个自然生态系统。

　　生态系统就是研究特定空间中，生物群落与周边环境的关系。生物群落由不同种类的生物种群构成，包括植物、动物、微生物；它们与特定的环境系统相结合，构成生态系统。② 例如，森林群落是由各种不同种的乔木、灌木、草本植物，以及各种动物组成。由于生物种类繁多，群落形成了一个较独立的能量和营养循环单位。但在两个相互独立的群落之间，仍然有着能量和物质交换关系。例如，森林与草原群落之间，陆地群落和海洋群落之间也有物质、能量的交流关系，等等。

二、生态环境与人类发展

　　"生态"的内涵是生物有机体与周围外部世界的关系，人类也是生物有机体的一部分，因此，"生态"的主体从逻辑上讲是应当包含人类的，但直到进入 20 世纪 20 年代，"生态"的主体才逐渐扩展到人类，为了区别传统的生物为主体的生态学，提出了"人类生态学"的概念，认为主体为人类的生态应当是人与周围外部世界的关系，研究人的吃、穿、居和行等活动与环境的相互关系。③ 人类社会的发展离不开周围的环境，我们每天的生活都离不开自然环境，是它给我们提供了大量的我们需要的原料和能量，我们地球上的

　　① 周宇. 世界大同——孙中山伦理思想研究 [M]. 长沙：湖南教育出版社，2003.

　　② 高清海，胡海波，贺来. 人的"类生命"与"类哲学"——走向未来的当代哲学精神 [M]. 长春：吉林人民出版社，1998.

　　③ 刘敬东. 马克思世界历史理论——中国个案 [M]. 北京：光明日报出版社，2010.

任何一种能源都来自大自然，没有大自然我们就无法生存。

　　人类有着改造自然和利用自然的卓越能力，能够为自己的生存与发展创造更加有利的环境。然而，人类在改造自然和利用自然的过程中，如果失去节制，或者只求局部的发展，就会造成自然环境的整体破坏，受到自然界的无情报复，最终使人类失去必要的生存环境。公元前的巴比伦，曾经沃野千里，树木葱郁。然而，由于忽视了对生态环境的保护，漫漫黄沙使得具有灿烂文明的巴比伦王国从地球上销声匿迹。曾孕育了灿烂的华夏文化，象征富庶繁荣的黄河，由于人们长期对生态环境的破坏，今天已是世界上泥沙含量最多的河流，年平均泥沙量高达 16 亿吨。由此可见，随着生产力的迅速提高和经济规模的不断扩大，人类创造了前所未有的物质财富。但是，人类在创造了辉煌的人类文明时，却也表现出对自然财富和对地球家园惊人的破坏力，严重威胁和阻碍着人类社会的生存和发展。于是，人类不得不回过头来审视自己已经走过的发展道路，摒弃以牺牲生态环境为代价的发展途径，进而试图去寻找一条既能保证经济增长和社会发展，又能维护生态良性循环的全新的发展道路。

　　人类每一次的无序发展都会受到自然的惩罚，近几年来，越来越多的自然灾害降临到人类的身边。世界范围内地震、海啸、洪水、干旱、台风、雪灾等自然灾害的频繁发生，高温、极寒等异常气候时有发生，这些异常的自然现象已经给人类敲响了警钟，如果我们再不行动起来人类将面临一场巨大的灾难。2008 年，汶川 8.0 级地震给当地人民带来巨大的灾难。2011 年，美国得克萨斯州遭遇特大干旱，湖泊干涸。与此同时中国也遭到了旱灾的"攻击"，一场历史罕见的大旱将曾经烟波浩渺的两大淡水湖中心区变成了"草原"。2011 年 7 月底，泰国南部地区因持续暴雨而引发的洪灾，时间长达数个月，首都曼谷也无法幸免。在这些灾难面前，人类终于意识到自己的渺小，大自然会对人类无序的活动产生反作用，在人类社会不断发展的过程中，自然界一直以各种人类已经认知和现在还无法认知的方式处处对人们做着相应的报复活动。这种报复以各种自然现象而出现，自然灾害算是人们已经知道的一种，人们已经认识到自然对人类的惩罚将是非常严厉的。

　　恩格斯在《自然辩证法》（1925 年出版）一书中指出：我们不要过分陶醉于我们人类对自然界的胜利。对于每一次这样的胜利，自然界都报复了我们。每一次胜利，在第一步都确实取得了我们预期的结果，但是在第二步和第三步却有了完全不同的、出乎预料的影响，常常把第一个结果又取消了。[①] 我们必须时时记住，我们统治自然界，决不像征服者统治异民族一样，决不像站在自然界以外的人一样，相反地，我们连同我们的肉、血和头脑都是属于自然界，存在于自然界的。

　　值得庆幸的是，人类已经开始意识到环境问题的严重性，并开始采取措施进行治理。1972 年 6 月 5 日，在瑞典斯德哥尔摩召开了联合国人类环境会议，会议通过了《人类环境宣言》。从那以后，正确认识人类在自然生态环境中所处的地位，便列入了联合国和各国政府的重要议事日程，治理和保护生态环境开始取得了积极成果。可见，正确处理好人类与生态环境的相互关系，是全人类面临的十分重要的课题。

　　举世瞩目的联合国环境与发展大会于 1992 年 6 月 3 日—14 日在巴西里约热内卢举

---

　　① 马克思恩格斯全集（第一卷）［M］. 北京：人民出版社，1995.

行。全世界 180 个国家和地区参加了大会，其中 118 个国家的国家元首或政府首脑，60 多个联合国机构和国际组织的代表出席了大会首脑会议。大会通过了《里约环境与发展宣言》和《二十一世纪行动议程》两个纲领性文件以及《关于森林问题的政策声明》；150 多个国家签署了《气候变化框架公约》和《保护生物多样性公约》。这是联合国成立以来，也可以说是人类有史以来，规模最大、级别最高、人数最多、影响最为深远的一次国际会议，是人类环境与发展史上的里程碑。

我们要学会正确处理人类社会发展与自然界关系的方法与途径，人类要在正确认识社会发展与自然界关系的基础上，尊重自然，顺应自然，保护自然，时刻保持对自然界的敬畏和尊重的态度。要知道人类是自然界的产物，也是自然界里很小的组成部分，人类只不过是宇宙中的一粒粒灰尘。人类可以改变自然，但自然更可以改变人类的命运和前景。人类一定要把自己的思想行动置于自然科学的指导之下，让自己的行为符合自然规律，尽量减少对自然界的破坏程度。在发展自身的过程中，应当想尽一切办法，做到人与自然的和谐相处，对于破坏自然界的活动，要提升到全人类社会的法律和政策的层面上来加以限制。

人类应当对自然界的破坏应做出相应的补偿。人类在发展过程中必然对自然进行改变，对自然界的破坏就在所难免，人们只有通过对自然的补偿才能达到与自然的和谐相处。人们应当不断地投资于对自然界的修补活动，减少自然界对人类的惩罚，如增加绿色植被，加强天然林保护、动植物多样性保护力度等，并加强这方面的研究工作。只有这样，才能树立环保意识，促进经济发展，同时促进人类自身的发展与进步。这关系到全人类的现在和未来，关系到每个国家和每个公民的生死存亡，也关系到人们的生活质量，关系到人类发展进步的前景等许多方面的问题，意义相当重要。

第二节　人类文明的发展历程

习近平总书记指出："生态文明是人类社会进步的重大成果。人类经历了原始文明、农业文明、工业文明，生态文明是工业文明发展到一定阶段的产物，是实现人与自然和谐发展的新要求。"

一、原始文明：人类匍匐在自然脚下

根据考古学家的研究，大约在距今 500 万年前，在一系列自然变迁的驱动下，人类的祖先在适应自然环境的过程中，学会了直立行走；能够使用和制造石器，从而更有效地进行采摘和狩猎；发现了火的存在，并学会了利用和控制火，从而使人类首次支配了一种自然力；创造了语言并运用于日常生活中，为人类开始认识自然、获取和传承知识、抽象思维与人类高度组织化提供强大工具。人类这四项伟大的进步预示着人类从动物界中分化出来，人类进入了原始文明时代。

在原始文明时代，人类生活完全依靠大自然赐予，主要通过采集和渔猎活动来获取生活资料，维持其生存与发展。因此，人类发展受到自然生态系统生产力的严重制约，而且还要面对各种各样的自然灾害去做艰苦卓绝的抗争。在漫长的原始文明时代，尽管人类已经作为具有自觉能动性的主体显示在自然界面前，但是由于缺乏强大的物质和精神手段，对自然界的开发和支配能力极其有限。从本质上讲，人类还处于被自然生产力支配的阶段，在人与自然的关系中，人还处于被动、屈从的地位，并不能掌握自身的命运。

二、农业文明：人类顺从自然的恩赐

大约一万年前出现了人类文明的第一个重大转折，由原始文明进入农业文明。在农业文明社会，其主要的物质生产活动是农耕和畜牧。人类不再单一依赖自然界提供的现成食物，而是通过创造适当的条件，使自己所需的动物和植物得到生长和繁衍，并且改变其某些属性和习性。对自然力的利用已经扩大到若干可再生能源，比如畜力、风力、水力等的开发和利用，再加上各种金属工具的使用，比如铁器农具的使用，增强了改造自然的能力。人类生存不再完全依赖自然的赐予，人类活动集中到农耕生产活动中，而农耕生产为人类提供了绝大多数生活必需品。社会生产力的提高促进了财富的积累、人口的快速增加和社会分工，国家政权的建立有了强大的物质基础。农业文明社会的建立在人类历史上具有重要意义。

在农业文明时代，人们改造自然的能力仍然有限。在农耕活动中，人类仍然要顺应自然，感谢自然的恩赐，如肥沃的土地、普照的阳光、风调雨顺等，人类和自然处于初级平衡状态。但由于长期大规模毁林毁草垦荒的粗放耕作方式和过度放牧，还是导致了局部区域生态退化、环境恶化、土壤沙化。

总体而言，农业经济是自给自足的自然经济，没有形成社会化大生产，人类改造自然的能力有限，没有也不可能对大自然的整体造成毁灭性的破坏。尽管农业文明在相当程度上保持了自然界的生态平衡，但是其社会生产力发展和科学技术进步比较缓慢，这是一种在落后的经济水平上的生态平衡，是和人类能动性发挥不足与对自然开发能力薄弱相联系的生态平衡，没有也不可能给人类带来高度的物质与精神文明和主体的真正解放。

三、工业文明：人类索取和自然的报复

18世纪80年代，以珍妮纺纱机和瓦特蒸汽机的使用为标志，揭开了英国工业革命的序幕，从工厂手工业向机器大工业转变，开创了机器大生产的生产方式。人类生产方式的重大变革使人类文明出现了重大转折，从农业文明转向工业文明。工业文明的出现使人类和自然的关系发生了根本性的改变，大量的科学技术的运用使人改造自然的能力达到前所未有的地步，人类从进入工业文明以后对自然的改造程度超出了以前所有时代对自然的改造总和。自然界不再具有以往的神秘和威力，以往人们畏惧的自然力量，进入工业文明后，人们开始找到对付这些自然力量的手段，甚至人类以工业武装农业，使农业也工业化了。

随着人类文化和科学技术的发展，人类对自然界的影响与作用越来越大。现在，人类的足迹不仅几乎遍及整个生物圈，而且开始出现在太空与海底，扩展到由生物圈、大气圈、水圈、岩石圈组成的自然生态环境巨大系统。于是，人类有些忘乎所以，以为能够凭

借技术而为所欲为，以人类利益高于一切的人类中心主义思想开始产生与泛滥。人类认为只需凭借知识和理性就足以征服自然，成为自然的主人。人类仿佛觉得自己成了征服和驾驭自然的"神"。①

工业文明创造了人类发展史上从未有过的巨大进步，给人类带来了优越的生活条件。但是由于工业文明生产方式的内在缺陷，以及发展中追求速度和利益最大化，其负面效应越来越显露。人类盲目崇拜科学技术的作用，在经济社会建设中蔑视自然和无视自然规律，无限制地开采和索取自然资源，任意排放和丢弃工业生产废弃物，给自然造成了空前严重的伤害。资源短缺、环境污染、生态失衡的严峻事实摆在了人类面前，生存环境的恶化，也使人类面临生存危机，人类才不得不重新思考自然环境、生态系统在人类社会生活中的意义与作用。

四、生态文明：人与自然和谐发展

当今时代，人类正在逼近环境恶化的"引爆点"，不仅发生了区域性的环境污染和大规模的生态破坏，而且出现了臭氧层空洞、酸雨频发、物种灭绝、土地沙漠化、森林衰退、海洋污染、野生物种锐减、热带雨林减少等大范围的、全球性的生态危机，严重威胁全人类的生存和发展。大自然给人类敲响了警钟，历史呼唤着新的文明时代的到来。

人类和自然的关系是人类社会最基本的关系。大自然本身是极其富有和慷慨的，但同时又是脆弱和需要平衡的；人口数量的增长和人类生活质量的提高不可阻挡，但人类归根结底也是自然的一部分，人类活动不能超过自然界容许的限度，即不能使大自然丧失自我修复的能力，否则，必将危及人类自身的生存和发展。生态文明的核心问题就是要正确处理人与自然的关系。自然界是人类生存与发展的基石，人类社会必须在生态基础上与自然界发生相互作用、共同发展，人类的经济社会才能持续发展。因而，人类与生存环境的共同进化就是生态文明。生态文明强调获取有度，既要利用又要保护，促进经济发展、人口、资源、环境的动态平衡，不断提升人与自然和谐相处的文明程度。

生态文明的本质要求是尊重自然、顺应自然和保护自然。② 尊重自然，就是要从内心深处老老实实地承认人是自然之子，而非自然之主宰，对自然怀有敬畏之心，决不能任意凌驾于自然之上。顺应自然，就是要使人类的活动符合自然界的客观规律。当然，顺应自然并不意味着停止发展，甚至重返原始状态，而是在尊重规律的前提下，发挥人的能动性和创造性，科学合理地开发利用自然。形成生态化生产方式，节约能源资源和保护生态环境的产业结构、增长方式、消费模式，发展绿色、循环、低碳、环保经济，促进人类社会经济可持续发展，实现人与自然和谐共生。保护自然，则要求人类在向自然界获取生存和发展之所需时，要呵护自然、回报自然，把人类活动控制在自然能够承载的限度之内，给自然留下恢复元气、休养生息、资源再生的空间，实现人类对自然获取和给予的平衡，防止出现生态赤字和人为造成的不可逆的生态灾难。

---

① 高清海，胡海波，贺来. 人的"类生命"与"类哲学"——走向未来的当代哲学精神［M］. 长春：吉林人民出版社，1998.

② 周宇. 世界大同——孙中山伦理思想研究［M］. 长沙：湖南教育出版社，2003.

生态文明的特征可以从空间和时间两个维度上来进行分析。在空间维度上，生态文明是全人类的共同课题。人类只有一个地球，生态危机是对全人类的威胁和挑战，生态问题具有世界整体性，任何国家都不可能独善其身，必须从全球范围考虑人与自然的平衡。在时间维度上，生态文明是一个动态的历史过程，其承继了先前文明的一切积极因素，所以生态文明也就涵括人类以前一切文明成果，其理论与实践基础直接建立在工业文明之上，是对工业文明以牺牲环境为代价获取经济效益进行反思的结果，是传统工业文明发展观向现代生态文明发展观的深刻变革。建设生态文明，就是要求人们要自觉地与自然界和谐相处，形成人类社会可持续的生存和发展方式。

我们所追求的生态文明，就是要按照科学发展观的要求，走出一条低投入、低消耗、少排放、高产出、能循环、可持续的新型工业化道路，形成节约资源和保护环境的空间格局、产业结构、生产方式和生活方式①。生态文明是人类社会与自然界和谐共处、良性互动、持续发展的一种高级形态的文明境界。中华民族具有五千多年连绵不断的文明历史，为人类文明进步作出了不可磨灭的贡献。② 我们一定要遵循生态与文明发展的历史规律，大力推进生态文明建设，对中华文明负责，实现中华民族的永续发展，对人类文明负责，共谋人类命运共同体，共建人类绿色家园。

第三节　当今社会的生态环境问题

一、大气污染问题

1. 大气污染的概况

随着工业化进程的不断加快，经济飞速发展取得了令人瞩目的成绩，但同时大气污染问题也变得越来越突出，空气质量不断恶化，甚至已经严重地影响到人们的身心健康。现代工业社会燃烧过多煤炭、石油和天然气，这些燃料燃烧后排放出大量的二氧化碳、二氧化硫、烟尘等有害物质。随着全球能源需求的不断增长，在风能、太阳能、核能等新能源尚未成熟利用的情况下，煤炭、石油和天然气等资源在未来相对较长的时期内仍将是中国乃至世界能源发展的重要支柱。因此，燃煤等污染物的控制也成为大气环境保护所面临的严峻问题。大气污染造成的首要问题就是臭氧层破坏，每年春季，南极上空大气中的臭氧层消失 40% ~ 50%。③ 臭氧层破坏造成温室效应，温室效应导致全球变暖。近百年来，全球地面平均气温增加了 0.3 ~ 0.6℃。地球变暖引起海平面的上升，当前世界大洋温度正以每年 0.1℃ 的速度上升，全球海平面在过去百年里上升了 14.4 厘米，海平面的上升将严重威胁低地势岛屿和沿海地区人民的生产、生活和财产安全，危害自然生态系统的平衡。

①　厉以宁，林毅夫，郑永年. 读懂一带一路 [M]. 北京：中信出版社，2015.
②　习近平. 论坚持推动构建人类命运共同体 [M]. 北京：中央文献出版社，2018.
③　马拥军. 马克思主义与中国梦 [M]. 天津：天津人民出版社，2015.

2. 大气污染的来源

（1）自然源

自然源，顾名思义就是由于自然界自身原因所引起的大气污染，比如：火山喷发会排放出大量的硫化氢、二氧化碳、一氧化碳、二氧化硫，以及火山灰等颗粒物，对环境造成污染；同样森林火灾、沙尘暴、自然尘、海浪飞沫颗粒物等都会释放出一些使大气质量变差的物质，而在某些特定的气象条件下，污染物不易扩散，污染物浓度会积聚加强，造成严重的大气污染。如冰岛火山喷发造成大气污染案件：冰岛火山于当地时间 2010 年 4 月14 日凌晨 1 时（北京时间 9 时）开始喷发。火山喷发的同时爆发冰泥流，带来巨大洪水，火山灰在天空中大量飘散。这股浓重的火山灰，沿着冰岛、挪威，一路飘散到英国，横扫整个欧洲大陆上空。

冰岛火山喷发

火山灰会对人体的呼吸系统和眼睛造成伤害。另外火山灰的灰尘吸入飞机的引擎中，会黏附在引擎器械中，影响机械的正常工作，使飞机的安全系数降低。除了对航空安全的影响，火山灰中还包含很多水气在里面，所以它的密度较大、黏附性较大，很容易黏附在建筑和电线上，严重的可能会造成建筑垮塌等。如果火山灰进入平流层的话，还会将阳光反射回大气层，会影响光照。

（2）农业源

农业源是在农业生产活动过程中排放到大气中的污染物质。田间施用农药，一部分农药会以粉尘等颗粒物形式飘散到大气中，残留在农作物上或黏附在作物表面的农药仍可挥发到大气中。进入大气的农药可以被悬浮的颗粒物吸收，并随气流向各地输送，造成大气农药污染。除此之外，还有秸秆焚烧也会对大气有污染，进而影响人和动物的健康。

（3）工业源

工业生产是大气污染的一个重要来源。随着经济的迅猛发展，各类工厂迅速增加，工业生产排放到大气中的污染物种类繁多，主要包括燃料燃烧排放的污染物以及生产过程中排放的各类金属和非金属粉尘等。由于工业企业的性质、规模、工艺过程、原料和产品等种类不同，污染物质不同，对大气污染的程度也不同，使得污染情况更为复杂。如火力发电厂、钢铁厂、化工厂及农药厂、造纸厂等各种工矿企业在生产过程中排放出来的烟气，含有烟尘、硫氧化物、氮氧化物、二氧化碳及炭黑、卤素化合物等有害物质，严重污染了大气环境。

（4）交通源

经济发展离不开交通，交通业的迅猛发展带来的大气污染也是主要来源之一。近些年来，随着经济社会的发展，人民生活水平的提高，机动车保有量逐年递增，同时也带来了严重的环境问题。汽车的尾气中含有大量的一氧化碳、二氧化硫、氮氧化物等，对人体的危害极大，特别是一些柴油大货车，排放的尾气中夹杂着大量的可吸入颗粒物，是导致疾病的重要因素。这些尾气排放的污染物由于治理工作实施不到位，对城市的大气污染很严重，成为城市大气的主要污染源之一。

（5）生活源

工厂、企业、办公室，甚至城市居民，由于烧饭、取暖、沐浴等生活上的需要，燃烧矿物燃料，向大气排放煤烟、油烟、废气等造成大气污染。特别是在冬季采暖时，采暖地区的大气质量不容忽视。城市生活垃圾在堆放过程中厌氧分解排出的二次污染物以及垃圾焚烧过程产生的废气，也会对大气造成污染。

3. 大气污染的危害

大气污染将造成很多方面的危害，其程度取决于大气污染物的性质、数量和滞留时间。这些危害包括：

（1）对人体健康的危害

人需要呼吸空气以维持生命。一个成年人每天呼吸2万多次，吸入空气达15～20立方米。因此，被污染了的空气对人体健康有直接的影响。人体受害主要有三条途径，即吸入污染空气、表面皮肤接触污染空气和食入含大气污染物的食物。除可引起呼吸道和肺部疾病外，还可对心血管系统、肝等器官产生危害，严重的甚至可能夺去人的生命。据我国10个城市统计，呼吸道疾病的患病率和检出率在工业重污染区为30%～70%，而在轻污染区只有其1/2。[①]

（2）对植物的危害

大气污染物，尤其是二氧化硫、氟化物等对植物的危害是十分严重的。当污染物浓度很高时，会对植物产生急性危害，使植物叶表面产生伤斑，或者直接使其叶枯萎脱落；当污染物浓度不高时，会对植物产生慢性危害，使植物叶片褪绿，或者表面上看不见什么危害症状，但植物的生理机能已受到了影响，造成植物产量下降，品质变坏。

（3）对物质材料的危害

排入大气中的二氧化硫、氮氧化物、各种有机物等不仅直接腐蚀建筑物、桥梁、机器和设备，而且其衍生的二次污染物包括光化学氧化剂、酸雨等能对这些物质材料产生更大的破坏。

（4）对农林水产的危害

大气污染物对我国农业、森林、水产造成严重的危害，其中特别是农业和森林受害最大，导致农业减产、林木衰败。

---

① 王义桅. 世界是通的："一带一路"的逻辑 [M]. 北京：商务印书馆，2016.

（5）对全球气候产生影响

①减少到达地面的太阳辐射量。据观测统计，在大工业城市烟雾不散的日子里，太阳光直接照射到地面的量比没有烟雾的日子减少近40%。① 大气污染严重的城市，天天如此，就会导致人和动植物因缺乏阳光而生长发育不好。

②增加大气降水量。从大工业城市排出来的微粒，其中有很多具有水气凝结核的作用。因此，当大气中有其他一些降水条件与之配合的时候，就会出现降水天气。在大工业城市的下风地区，降水量更多。

③下酸雨。有时候，从天空落下的雨水中含有硫酸。这种酸雨是大气中的污染物二氧化硫经过氧化形成硫酸，随自然界的降水下落形成的。硫酸雨能对农业、林业、淡水养殖业等产生不利影响，能使纸品、纺织品、皮革制品等被腐蚀破碎，能使金属的防锈涂料变质而降低保护作用，还会腐蚀、污染建筑物。

④对全球气候的影响。近年来，人们逐渐注意到大气污染对全球气候变化的影响问题。有的专家认为，大气中的二氧化碳含量按现在的速度增加下去，会导致地球大气变暖，导致全球天气灾害增多。如河北的雾霾天气。

唐山迁安市工厂排放废气

河北目前还处于重工业化阶段。以原材料工业为中心的重工业对能源需求大，对环境的影响也大。在这些工业中，能源密集型工业突出。截止到2012年底，河北省有冶炼能力的钢铁企业共计148家，粗钢产能2.86亿吨，产能超过全国的1/4。除钢铁外，电力、热力、石油加工、炼焦、化学原料等行业占到了工业总产值的50%，这些行业的通病是高污染、高能耗、低效益，能源消耗总量占全国的8%，规模以上工业万元增加值能耗比全国平均水平高43%。能源消耗中对煤炭依赖过大，也是河北雾霾缭绕的重要原因，煤炭约占河北能源消耗总量的90%，远高于全国近70%的水平。由于北京、天津被包围在河北中，同时由于自身汽车保有量太高，尾气污染严重，导致其雾霾的情况也非常严重。

---

① 厉以宁，林毅夫，郑永年. 读懂一带一路［M］. 北京：中信出版社，2015.

二、水体污染问题

1. 水污染的概况

水是生命的源泉，然而饮用水短缺却威胁着人类的生存。然而，加之工业废水的排放，化学肥料的滥用，垃圾的任意倾倒，生活污水的剧增，使河流变成阴沟，湖泊变成污水地；滥垦滥伐造成大量水分蒸发和流失，饮用水在急剧减少。[①] 水荒，向人类敲响了警钟。据全球环境监测系统水质监测项目表明，全球大约有 10% 的监测河流受到污染，生化需氧量（BOD）值超过 6.5 毫克/升，水中氮和磷污染严重，污染河流含磷量均值为未受污染河流平均值的 2.5 倍。[②] 另据联合国统计，全世界已有 100 多个国家和地区生活用水告急，其中 43 个国家严重缺水，危及 20 亿人口的生存。

中国是一个水资源短缺、水旱灾害频繁的国家。中国的多年平均水资源总量为 28124 亿立方米。按水资源总量考虑，中国居世界第六位，但中国人口众多，人均水资源不到世界人均水资源的 1/4，人均水资源占有量在世界各国 1997 年排名中仅列第 121 位，被联合国列为 13 个贫水国家之一。同时随着我国工农业的迅速发展，水体受到污染，导致水体富营养化，藻类过量繁殖，产生难闻的臭味和有害的藻毒素。对日常饮用水带来了极大的危害，严重影响着人群健康水平。

2. 水污染的成因

进入水体的污染物的含量超过水体本地值和自净能力，使水质受到损害，破坏了水体原有的性质和用途，水污染就发生了。造成水污染的原因可以分为自然和人为两种因素。自然方面表现在：因地质的溶解作用，雨水对各种矿石淋洗、冲刷，火山爆发和干旱地区的风蚀作用所产生的大量灰尘落入水体而引起的。一般来说，自然原因引起的水污染，能被水体的自净能力给恢复原状。人为的原因则是多方面的，主要表现如下：

（1）工业废水污染

工业废水，是指工业生产过程中产生的废水，其中含有随水流失的工业生产材料、中间产品以及生产过程中产生的污染物。工业废水是水体污染的主要来源，其含污染物多，成分复杂，不仅在水中不易净化，而且处理也比较困难。如电力、矿山等部门的废水主要含有无机污染物，而造纸、纺织、印染、食品等工业部门往往在生产过程中排放大量的有机物废水。这些废水中的有机物在降解过程中会消耗大量溶解氧，容易导致水质变黑发臭。随着采矿和工业活动的增加，重金属的生产和使用也显著增加，造成湖泊和河流重金属污染严重，严重污染水资源。如湖南浏阳镉污染事件：2003 年，湖南省浏阳市镇头镇双桥村通过招商引资引进长沙湘和化工厂，次年 4 月，该厂未经审批建设了 1 条炼锌生产线，并长期排放工业废物，在周边形成了大面积的镉污染，进而导致植被大片枯死，部分村民因体内镉超标出现头晕、胸闷、关节疼痛等症状。

---

① 王帆，凌胜. 人类命运共同体：全球治理的中国方案 [M]. 长沙：湖南人民出版社，2017.
② 王帆，凌胜. 人类命运共同体：全球治理的中国方案 [M]. 长沙：湖南人民出版社，2017.

受污染的水体

2009 年，有调查报告披露，被称为"有色金属之乡"的湖南，采选、冶炼、化工等企业多分布于湘江流域，由此导致了严重的重金属污染。多年以来，湖南的汞、镉、铬、铅排放量位居全国第一位，砷、二氧化硫和化学耗氧量的排放量居全国前列。湘江流域鱼类大幅减少，数以千亩的农田无法耕种，相当多地域的鱼类、粮食、蔬菜不能食用，4000万人口的饮用水安全受到威胁。

（2）农业污染

农业生产过程中产生的水体污染属于农业污染。广义的农业包括种植业、林业、畜牧业、渔业、副业五种产业形式，其中种植业、畜牧业和副业生产过程中存在相对较大的水污染隐患。

传统种植业施用的农药化肥是造成农业水污染的主要原因。在种植农业生产过程中，由于耕作或开荒使土地表面疏松，在土壤和地形还未稳定时降雨，大量泥沙流入水中，增加水中的悬浮物。同时，近年来农药、化肥的使用量日益增多，而使用的农药和化肥只有少量附着或被吸收，其余绝大部分残留在土壤和漂浮在大气中，通过降雨，经过地表径流的冲刷进入地表水和渗入地下水，加剧水质恶化，造成河流、水库、湖泊等水体的污染。

畜牧业和副业生产过程中会产生含多种有机污染物的畜禽养殖废水。我国是畜禽养殖大国，畜禽养殖是农村经济的重要组成部分，在促进农民增收方面发挥着重要作用。但是，随着近年我国畜禽养殖业的迅速发展，环境污染问题日益凸显。据农业部门统计，我国畜禽粪污年产生量约 38 亿吨，其中 40% 的畜禽粪污未得到资源化利用或无害化处理，同时产生大量含重金属、残留兽药和许多病原体的污水，给环境带来了严重影响，已经成为农村的突出环境问题。这些畜禽养殖产生的高浓度有机污水，直接排放进入水体，或存放地点不合适，受雨水冲洗进入水体，将会造成地表水或地下水水质的严重恶化，造成当地生态环境和农田的严重污染。

（3）生活污水污染

生活污水是指城市单位、学校和居民在日常生活中产生的废水，包括厕所排泄物、洗衣洗澡水、厨房和其他家庭排水，以及商业、餐饮和娱乐场所的排水等。生活污水中含有大量的有机物，如纤维素、淀粉、糖和脂肪蛋白等，也含有致病菌、病毒和寄生卵。这些生活污水的特点是有机物含量高，容易引起腐败。生活污水成分复杂，未经处理直接进入水体，对水环境造成了严重的污染。

（4）船舶污染

船舶污染主要指船舶在航行、停泊港口、装卸货物等操作过程中产生的水污染、大气污染和噪声污染等。船舶污染以水污染为主，主要污染物包括含油污水、生活污水、船舶垃圾三大类。此外，船舶航行还产生粉尘、化学物品、废气等其他污染物。

船舶对江河湖海水体造成的污染具有流动性和扩散性。江河湖海水体本身的流动性和船舶航行过程中的持续位移两方面因素加成，致使船舶产生的污染物一旦进入水域就不会固定在某一处（点）静止不动，而是会持续扩散，一次排放的船舶污染可能长时间波及影响多个地区。船舶污染导致江河湖海水质受到损害，其中栖息的水生生物生存环境受到破坏，最终影响水体的自身调节能力，给水域生态、水中栖息的生物资源和附近居民日常用水水质带来不可逆转的严重破坏。

3. 水污染的危害

（1）对环境的危害

受污染的水体中含有大量的有机物，大量有机物在水中降解释放出营养元素，促进水中藻类从生，植物疯长，使水体通气不良，溶解氧下降，甚至出现无氧层，致导水生植物大量死亡，水面发黑，水体发臭，形成"死湖""死河""死海"。这种现象称为水的富营养化。富营养化的水臭味大、颜色深、细菌多，这种水的水质差，不能直接利用，导致生物的减少或灭绝，危及鱼类的生存，造成各类环境资源的价值降低，破坏生态平衡。

（2）对生产的危害

受污染的水体用于工业生产，将会导致需要投入更多的处理费用，造成资源、能源的浪费。食品工业用水要求更为严格，水质不合格，会使生产停顿。这也是工业企业效益不高，质量不好的因素。农业生产过程中使用污水灌溉，将会使农作物减产，品质降低，甚至使人畜受害，大片农田遭受污染，降低土壤质量，而在受污染土壤上种植出来的粮食也因为受到污染，不适合食用。

（3）对人体健康的危害

人如果饮用了被污染水，会引起急性和慢性中毒、癌变、传染病及其他一些奇异病症，污染的水引起的感官恶化，会给人的生活造成不便，情绪受到不良影响。若用含有重金属的水来灌溉庄稼，可使作物受到重金属污染，致使农产品有毒性，从而危害人体健康。而其沉积在河底、海湾，通过水生植物进入食物链，经鱼类等水产品进入人体，危害人体健康。

三、土壤污染问题

1. 土壤污染的概况

土壤是人类生存、兴国安邦的战略资源。随着工业化、城市化、农业集约化的快速发展，固体废物不断向土壤表面堆放和倾倒，有害废水不断向土壤中渗透，大量未经处理的废弃物向土壤系统转移，并在自然因素的作用下汇集、残留于土壤环境中。大气中的有害气体及飘尘也不断随雨水降落在土壤中，导致了土壤污染。

据估计，我国受农药、重金属等污染的土壤面积高达上千万公顷，其中矿区污染土壤达 200 万公顷、石油污染土壤约 500 万公顷、固废堆放污染土壤约 5 万公顷①，可见我国的土壤环境总体状况不容乐观，耕地土壤环境质量堪忧，工矿业废弃地土壤环境问题突出，土壤污染防治已经迫在眉睫。土壤污染对我国生态环境质量、食品安全和社会经济持续发展构成了严重威胁。

2. 土壤污染的成因

（1）污水灌溉

生活污水和工业废水中，含有氮、磷、钾等许多植物所需要的养分，所以合理地使用污水灌溉农田，一般有增产效果。但污水中还含有重金属、酚、氰化物等许多有毒有害的物质，如果污水没有经过必要的处理而直接用于农田灌溉，会将污水中有毒有害的物质带至农田，污染土壤。

（2）大气污染

大气中的有害气体主要是工业中排出的有毒废气，它的污染面大，工业废气的污染通过沉降或降水进入土壤，会对土壤造成严重污染。例如，有色金属冶炼厂排出的废气中含有铬、铅、铜、镉等重金属，对附近的土壤造成污染；生产磷肥、氟化物的工厂会对附近的土壤造成粉尘污染和氟污染。

（3）化肥

长期不合理的施用化肥也会引起土壤污染。比如长期大量使用氮肥，会破坏土壤结构，造成土壤板结，生物学性质恶化，影响农作物的产量和质量。

（4）农药

农药是危害性很大的土壤污染物，施用不当，会引起土壤污染。喷施于作物体上的农药，除部分被植物吸收或逸入大气外，约有一半左右散落于农田。农作物从土壤中吸收农药，在植物体中积累，通过食物、饲料危害人体和牲畜的健康。此外，农药在杀虫、防病的同时，也使有益于农业的微生物、昆虫、鸟类遭到伤害，危害了整个生态系统。

（5）固体废物

各种农用塑料薄膜作为大棚、地膜覆盖物被广泛使用，如果管理、回收不善，大量残膜碎片散落田间，很难在自然条件下进行光降解和热降解，也不易通过细菌和酶等生物方式降解，是一种长期滞留土壤的污染物。通常残膜可在土壤中存留 200～400 年。②

3. 土壤污染的危害

（1）土壤污染导致生物产量和品质的下降。在受污染的土壤上种植粮食、蔬菜、水果等，使得这些粮食、蔬菜、水果等食物中镉、铬、砷、铅等重金属含量超标和接近临界值。土壤污染除影响食物的卫生品质外，也明显地影响到农作物的其他品质。有些地区污

① 王伟光．"一带一路"——新型全球化的新长征［M］．北京：中国社会科学出版社，2017.
② 向宏，胡德平，王顺洪，等．大交通：从一带一路走向人类命运共同体［M］．成都：西南交大出版社，2017.

灌已经使得蔬菜的味道变差，易烂，甚至出现难闻的异味，农产品的储藏品质和加工品质也不能满足深加工的要求。

（2）土壤污染危害人体健康。当土壤中含有害物质过多，超过土壤的自净能力，就会引起土壤污染，有害物质或其分解产物在土壤中逐渐积累间接被人体吸收，会产生致畸、致病、致癌的危险，影响子孙后代的健康。

（3）土壤污染导致其他环境问题。土地受到污染后，含重金属浓度较高的污染表土容易在风力和水力的作用下分别进入大气和水体中，导致大气污染、地表水污染、地下水污染和生态系统退化等其他次生生态环境问题。如江西九江"镉大米"事件：2017 年 11 月 6 日，中国无毒地志愿者通过自媒体平台发布了一篇关于九江大米遭镉污染的公开举报信。信中称，2017 年 10 月中旬，志愿者在江西省九江市港口街镇两个村村民的家中、农田取了土壤以及稻谷样品，送检第三方检测机构。检测结果显示，两个村两户村民的稻谷重金属镉存在不同程度超标。此外，村民正在种植的农田土壤内重金属镉也超标，村里废弃农田的土壤重金属镉、砷更是严重超标，同时农田灌溉水源以及候鸟栖息地东湖底泥镉、砷超标。

据了解，镉大米和土壤污染、灌溉水污染、土壤性质、化肥使用、水稻品种等都有关系，水稻本身对镉的吸附作用强于玉米、大豆等农作物。在我国，国标规定，大米中镉含量不得超过 0.2 毫克/千克，而国际标准为 0.4 毫克/千克。镉进入人体有三个渠道，一是经口，二是经肺，三是经皮肤，而镉大米的危害就是镉经消化系统吸收后直接进入人体。而镉中毒是慢性的，潜伏期最短是 2～8 年，一般是 15～20 年，尽管平时感觉不到，但其对我们身体健康的威胁不可小视。目前研究普遍认为对健康危害最严重的是结缔组织损伤、生殖系统功能障碍、致畸和致癌，也可能引发痛痛病。

四、生态环境问题

生态环境中的生态平衡是动态的平衡。一旦受到自然和人为因素的干扰，超过了生态系统自我调节能力，不能恢复到原来比较稳定的状态时，生态系统的结构和功能就会遭到破坏。物质和能量输出、输入失去平衡，造成系统成分缺损（如生物多样性减少等）、结构变化（如动物种群的突增或者突减、食物链的改变等）、能量流动受阻，物质循环中断，这就产生了生态问题，严重的就是生态灾难。

常见的生态环境问题包括：

1. 森林面积减少

森林被誉为"地球之肺""大自然的总调度室"，对环境具有重大的调节功能。[1] 因发达国家的大量进口和发展中国家过度开荒、采伐，使得森林面积大幅减少。据估计，近100 年来，全世界的原始森林有 80% 遭到破坏。据联合国粮农组织报告显示，如果用陆地总面积来算，地球的森林覆盖率仅为 26.6%。[2] 森林减少导致土壤流失、水灾频繁、全球

①　刘海江. 马克思实践共同体思想研究 [M]. 北京：中国社科出版社，2016.
②　向宏，胡德平，王顺洪，等. 大交通：从一带一路走向人类命运共同体 [M]. 成都：西南交大出版社，2017.

变暖、物种消失等。一味向地球索取的人类，已将生存的地球推到了一个十分危险的境地。

2. 生物多样性减少

生物多样性减少是指包括动植物和微生物的所有生物物种，由于生态环境的丧失，对资源的过度开发，环境污染和引进外来物种等原因，使自然界的物种不断消失。据估计，地球上的物种约有 3000 万种，自 1600 年以来，已有 724 个物种灭绝。生物多样性的存在对进化和保护生物圈的生命维持系统具有不可替代的作用。

我国是世界上生物多样性最丰富的国家之一，其丰富程度占世界第 9 位。中国陆地森林生态系统区系丰富，生态类型多，为野生动、植物栖息和繁衍创造了优越的条件，中国陆地的野生动、植物有 80% 以上物种在森林中生存。然而由于天然林生态系统的破坏，致使野生动物栖息繁衍地日益缩小，加上人为乱捕滥猎，导致物种数量减少和濒临灭绝。

3. 水土流失面积增加

中华人民共和国建立以来，因水土流失而毁掉的耕地已达 4000 多万亩。经过多年来的治理，虽然取得了很大的成绩，局部地区生态环境发生了明显的好转，但长期以来，由于滥垦、滥伐等违背自然规律的掠夺性开发，总体上，我国水土流失的严峻形势并没有发生根本性的改变。随着地表沃土的流失，带走了大量的有机质和碳、磷、钾养分，土层越来越薄，直接导致土壤肥力降低，并最终导致土地生产力的下降。

4. 荒漠化面积扩大

我国是世界上荒漠面积较大、危害严重的国家之一，全国荒漠化土地总面积为 261.16 万平方公里，占国土总面积的 27.2%。① 超过全国现有耕地面积的总和，有近 4 亿人口受到荒漠化的威胁，全国每年因荒漠化造成的直接经济损失高达 540 亿元。沙化土地的迅速蔓延主要是由于人类不合理活动造成的，包括过度农耕、过度放牧、过度樵采和水资源利用不当等。如果不采取特殊的措施，继续保持现在的资源利用方式和强度，土地荒漠化将会继续发展下去。

---

① 王伟光．"一带一路"——新型全球化的新长征 ［M］．北京：中国社会科学出版社，2017.

第二章　高校生态文明教育概述

第一节　高校生态文明教育的理论基础

习近平总书记多次强调生态环境的重要性，这不仅是关乎人民健康安全的民生问题，也关乎着国家未来经济与政治的发展。大学生作为教育的对象，要担当起国家、民族和社会未来发展的重任，要成为我国生态文明建设的主要力量。这就需要高校从不同角度开展生态文明教育，夯实理论，以培养大学生惯性地用绿色生态的维度去思考问题和实践，履行保护环境的义务，不触碰生态法律的底线，践行正确的生态文明行为，规避破坏自然的实践风险。

一、概念界定

1. 生态文明

生态文明，可以将其拆分成为"生态"与"文明"两个词语进行具体分析。"生态"一词源于古希腊字，意思是指家或者我们的环境。随着人类的进步和社会的发展，在生态与人类之间的相互影响中，人们对生态的认知愈加深刻。"文明"是人类生存发展过程中沉淀下来的成果，是人类在客观世界存在的记录。

从上述对"生态"与"文明"两词的解释来看，"生态文明"是继工业文明之后的新文明形态。生态文明是一种人与自然、社会和谐共处的新型社会形态，这种新型的社会形态主要呈现出良性循环发展、可持续发展和全面发展的形态，是人类遵照自然、人类、社会发展的客观规律办事的社会状态以及取得的成果总和。这个定义揭示了生态文明的本质是用顺应时代发展的生态绿色理念替代工业时代大生产的趋利意识。同时，生态文明具有独立性，是继工业文明后的一个新的文明形态，它独立于物质文明、精神文明等。

2. 生态文明教育

到目前为止，由于学界存在对生态文明教育不同的提法，所以生态文明教育的内涵与"生态教育""生态文明观教育"等表述的界定还不是很清晰，还没有对生态文明教育较为权威的定义。本文将简要介绍上述三个概念以作区分，由此来更好地理解生态文明教育。自然生态系统中，将人、自然、社会统统纳入调整的范畴之内，要做到自然、人、社会三者之间和谐共生。

（1）生态教育

生态教育的一系列教育实践都是围绕生态学的专业知识作为教育内容展开的，它更注重的是生态专业科学知识的教育。生态教育的目的在于通过对教育对象进行生态专业科学知识的教育，使得教育对象对我国目前的生态环境严峻的形势有更专业和更具体的了解，从科学数据中产生保护自然的生态意识和道德情怀，在实践行为上也自觉遵守自然发展的规律，时刻谨记着保护自然环境是每个人的义务与职责，养成良好的生态习惯和行动能力。

（2）生态文明教育

学界一般从教育实践活动和学科教育两个层面进行界定。大多数学者认为，生态文明教育是社会活动或者教育实践活动，以科学发展观为指导，实现人与自然和谐共生，并促进受教育者全面发展的教育目标。

（3）生态文明观教育

在学界中，对于生态文明观教育的大多研究方向是针对大学生的生态文明观教育。有学者认为，生态文明观教育是通过把生态文明理念的内容作为教育内容传授给大学生，或者将生态文明观进行具体的观念分类，将这些生态文明观念类别以教育内容的形式全面传授给大学生，例如，生态文明法治观、生态文明道德观、生态文明消费观等等。

综上所述，可以看出三个概念的最终目标方向是一致的，但具体的教育内容侧重点有所不同。生态教育以生态专业科学知识作为主要的教育内容；生态文明教育更突出明确的价值导向；生态文明观教育更注重对个人的意识和观念等主观层面的教育。

3. 高校生态文明教育

高校生态文明教育是指高校依照我国社会主义生态文明建设的要求，采取有针对性的教育途径和丰富的教育模式，明确大学生生态文明教育的教育目的，向着目标有规划地整合多个教育主体，有针对性地对大学生进行生态文明的多种形式教育。通过这些教育，能够使大学生加强对自身生态行为的约束力，坚定对自然的敬畏感和保护使命。至于大学生实施生态文明教育的手段与方式，要根据对我国的教育现实和大学生的独特性的正确判断，才能提供正确有效的对策。

二、高校生态文明教育课程体系建设的理论基础

任何理论研究都不是凭空想象出来的，理论的形成与发展必须具备丰厚的理论来源和实践经验。同样，高校生态文明教育课程体系建设课题的研究也需要一定的理论基础和实践支撑。通过大量查阅文献发现，充分借鉴马克思主义生态文明有关思想能够为本研究提供科学的认识论与方法论指导；详细解读中国共产党的生态文明思想、我国传统文化中的生态智慧以及习近平生态文明思想可以帮助我们清楚地认识我国生态文明教育的发展过程和发展趋势；同时，必须以课程体系建设相关理论为依据，才能确保高校生态文明教育课程体系建设的科学性与合理性。

1. 马克思、恩格斯生态理论

（1）关于人与自然的辩证关系

人类是自然界的产物。人类并非独立于自然界之外，人类是自然界中的一部分。对此，恩格斯指出："我们连同我们的肉、血和头脑都是属于自然界和存在于自然之中的。"① 马克思、恩格斯认为，自然界不仅仅孕育了人类，人类的创造发明和思维意识也都是源于自然界。这充分表明了人类作为自然界的产物应当受制约于自然界，人的主观能动性再强大也是第二性的，不得越过自然界的客观规律是人类活动的最基础底线。

自然界是人类生存发展的先在条件。人类能够繁衍至今且创造了今天的人类社会，完全离不开自然界的供给。自然界在满足人类的生存与发展的物质需求的同时，也满足了人类的精神追求。一方面，人类从自然界获取生存与生活的物质资料，自然界的客观实在性与先在性决定了人类对自然界的依赖性，这充分体现了马克思、恩格斯的唯物主义观点。人类为了生存下去，都会以直接或者间接的方式从大自然获取空气、阳光、水、食物以及其他物质资源，所以人类的生存发展以自然界为基础来源。另一方面，自然界满足了人类的精神需求。自然界也是艺术的自然，是人类意识的一部分。由此可见，人类的一切艺术灵感和情操无一不是起源于大自然的大山大河、浩瀚星河，也是自然界启迪着人类智慧以及对真理的探知。

（2）实践对自然的影响

马克思、恩格斯认为，实践活动是人改变自然、创造人类社会的主要形式，也是人与自然界的中介。自然界不仅是人类实践活动的空间场所，也是人类主要的实践对象。人类发挥其自身的自觉能动性，按照自身的主观意识方向，将自然界改变成人化自然。实践是人化自然的实现形式。为了能够维持人类自身的生存与生活需要，从自然界中获取相应的物质条件，即人类对自然界的最初改造。

实践是人与自然的中介。马克思指出了生产会对自然界造成影响，并且分析了整个的过程。首先他指出人们生产的方式，即人们相互之间用一定的方式进行互动交流才会有生产。而在生产之前人们之间还会产生一定联系，人们对自然界的影响就发生在生产前所涉及的社会关系范围内。由此看出，人类在改造自然的过程中，必须要与各方面建立不同种类的社会关系，如生产关系。如果人与人之间不建立这种社会关系，那么实践活动也就无法成行，也就不存在人类对自然界改造这一说法。

实践活动应具有受动性。人类对自然界的顺应、征服和改造的全过程，突显出了人类强大的改造能力，但人类实践活动的目的性和人类的改造能力也应当受到自然界的客观规律、社会发展规律和人类自身发展规律的制约。人类能够改变自然界，同样自然界也能够改变人类，人类应当尊重自然，与自然和谐共生。

（3）可持续发展思想

带来剩余价值才是资本家认为的头等大事，资本家并不在乎工人的安全与生存条件，更不会意识到生态环境的重要性。资本家的疯狂掠夺使得人与自然之间的关系向着对立化

---

① 马克思恩格斯文集：第9卷［M］．北京：人民出版社，2009：560.

发展，人们还陶醉于对自然的征服与成功的喜悦之中，却忽视了人类对自然造成的长远影响和后果。马克思、恩格斯通过批判资本主义的生产力滥用和破坏自然行为分析其中原因，得出一系列可持续利用思想。首先，马克思、恩格斯认为自然资源是有限的，必须节约资源、合理利用、可持续利用自然资源；其次，马克思、恩格斯认为应当通过发展循环经济、合理利用科学技术、高效利用废料，变废为宝；最后，马克思、恩格斯认为人类必须将自然与人的地位平等对待，顺应自然、尊重自然界客观规律办事。

马克思、恩格斯生态文明理论不仅向我们科学地介绍了生态文明理念与本质，还启示我们要以我们目前所处的生态环境和人类社会发展规律为建设的前提。马克思、恩格斯分析了资本主义社会解决生态危机的制度缺陷，我们要在这一问题上发挥出社会主义的制度优势。同时运用马克思主义生态文明有关思想对大学生进行生态思想政治教育，要以全局的视域，帮助大学生理解生态文明思想中的生态和政治意蕴，了解生态环境对社会经济与政治发展的影响。教导大学生要用辩证的思维整体看待全社会的生态环境问题，不能仅仅只解决表面的环境问题，要从造成生态危机的根源想问题，用使生态环境与社会政治经济和谐发展的思维角度解决生态环境问题。

2. 中华优秀传统文化中的生态智慧

虽然我国的生态学和生态文明教育起步晚于西方国家，但是在此前，我国优秀的传统文化中就已经存在很多的生态文明伦理思想，主要集中于农业文明时代。由于科技的发展，人类的不断开发利用，形成了只单纯追求经济效益为中心的发展模式，在这种发展模式的持续下，大自然遭到了人类的残酷对待，污染了环境、掠夺着资源，虽然人类得到了空前的发展，但也亲手破坏了人类自己赖以生存的自然环境。而回过头发现，古代科学水平低下、生产技能低，人类更加敬畏自然。在绵延五千多年的中华文明中关于人与自然相处之道的智慧和哲理，值得现在的人们进行全面地反思。

（1）"天人合一"的思想

天人合一思想观点在我国的传统文化思想中具有不可代替的重要作用。其一，将"天人合一"看作是处理人与自然关系的重要准则。此观点主张人与自然之间是和谐共存的关系，将人与自然万物看作是一个友好的整体。其二，将"天人合一"看作是德行修养的最高目标。人与自然的关系在中国传统文化中早已是思考问题时重点考虑的对象，并且已经作为一条行为准则，指导人类的劳动行为活动。古代人亦是如此，当代人民更应继承优秀传统文化中的对于天人合一的思想，以正确的态度重视起对人与自然之间关系的处理。综上，无论将"天"比作是哪一种理解，其核心都在阐述人与自然应当和谐共处。

（2）世间万物平等的思想

道家强调"以道观之，物无贵贱""万物皆一"，是指应平等对待世间所有生命和物质，人也是万物之一，应赋予其与人类平等的尊重，将其他万物与人类的地位拉到同一个水平线上。佛家认为，一切生命都是平等的，都应享有平等的地位，并且受到公平的对待，不能认为除人以外的其他万物没有人类高级和尊贵。世间万物都有其存在的意义，万物之间都有着各种各样的微妙联系。儒家先哲认为，虽然世间万物所属不同分类，但是究其根本都是一个来源，不存在要划分出高低贵贱的等级，而且也不能够牺牲某些部分而成就其他部分，世间万物之间都是相互需要的并且是平等的关系。

（3）"敬畏生命"的生态伦理智慧

对自然万物生命的敬畏与仁爱是我国传统文化中生态伦理智慧的集中体现。从现代伦理视角出发，先贤们所提出的：人类活动要充分尊重自然规律，不能肆意索取而破坏自然系统本身，更不能无故剥夺自然万物生命与生存空间的观点也是极具先进性的。其中，佛教思想中关于敬畏万物生命的主张尤为突出：一方面，推崇众生平等，追求平等对待人与万物的生命；另一方面，提倡惩戒与遏止人的愿望或欲望，促进人与资源和环境相适应，反对戕害任何生命，主张要敬畏万物，具有怜悯之心。而佛教中提倡的"放生"行为就是保护与怜悯自然生物的最直接体现。道家代表人物老子在《道德经》中提道："生而不有，为而不恃，长而不宰"，主张"依养万物而不为主"的思想。旨在告诫人类不能肆意地主宰任何事物的生命，而应友善地对待自然万物。而后庄子在发扬了老子的这一思想基础上，提出了"物无贵贱"的观点，这种敬畏和关切所有生命的情怀在道家先贤的思想中体现得淋漓尽致。

3. 中国共产党领导集体的生态文明建设思想

自中华人民共和国成立以来，我国就一直伴有资源、人口、环境等制约发展的众多因素，让我国的生态环境承受了巨大压力，再加上当时我国落后的生产力使得国家的经济社会发展形势更为严峻。对此，党的历代领导人紧密结合我国国情，并将马克思主义作为重要指导思想，努力探索出一条人与自然的和谐发展之路。

（1）以毛泽东为主要代表的中国共产党人的生态观

中华人民共和国成立后，毛泽东十分重视我国的生态环境建设，并在生态方面进行了一些有益探索。首先，对人与自然的关系有了初步认识。20世纪60年代，毛泽东已经认识到人是自然的产物，会受到自然条件的制约，但同时人也可以发挥自身的能动作用。他强调只有认识了自然规律，人的认识才能够实现由必然王国到自由王国的飞跃。其次，发展环保事业，治理污染问题。1973年8月，我国召开了第一次全国环境保护工作会议，拉开了我国环境保护事业的序幕。最后，提倡节约资源，反对浪费行为。毛泽东意识到了资源的重要性，高屋建瓴地指出要最大限度地保存一切可用的生产资料和生活资料，坚决反对破坏和浪费。他要求各行业都要厉行勤俭节约，杜绝一切浪费现象，强调要实现我国的富强需要长期的艰苦奋斗，必须要执行勤俭建国的方针，有效缓解国家资源压力。[①]

（2）以邓小平为主要代表的中国共产党人的生态观

邓小平在见证国家经济迅猛发展的同时，也注意到了经济社会发展与自然环境之间存在的矛盾和问题，由此提出要加强环境立法，推进祖国生态建设。一方面，加强生态环境法制化建设。邓小平提出："应该集中力量制定刑法、民法、诉讼法和其他各种必要的法律，例如……森林法、草原法、环境保护法……"[②] 为开发利用资源、强化生态保护提供坚实的法律保障。从1978年新修订的《宪法》首次提出关于环境保护的规定，到1979年《中华人民共和国环境保护法（试行）》中指出要防止环境污染和生态破坏，我国的环境保护和环境教育工作逐步走向了法治化和制度化。另一方面，将环境保护确立为我国的基

---

① 毛泽东文集：第7卷［M］. 北京：人民出版社，1999：240.
② 邓小平文选：第2卷［M］. 北京：人民出版社，1994：146.

本国策。1983 年 12 月，国务院召开的第二次全国环境保护会议上提出，环境保护是我国现代化建设中的一项基本国策。此外，邓小平还非常重视植树造林的利国利民举措，这对国民生态环保意识的培养具有重要作用。总之，邓小平的生态思想与实践为后续一脉相承的可持续发展战略和科学发展观打下了良好的基础。

（3）江泽民的生态文明观

可持续发展战略贯穿着江泽民的生态文明观，要全面考虑到对当前乃至将来的发展，不能不考虑后代人的利益。可持续发展战略要求全社会各方面协调并进、通力合作，找到一种可以实现良性循环发展的战略，共同向着既保护生态又能推动社会永续前进发展的方向努力。他尤其重视西部大开发的生态环境建设，还要求封山植树，退耕还林，做好生态防护工作。江泽民把保护环境同保护生产力结合研究，这不仅表明了党和国家已认识到环境资源对国家长治久安的重要意义，也表明了保护环境、节约资源是每一个公民不容推卸的义务。可持续发展战略始终贯穿于生态文明建设，为大学生生态文明教育研究提供了理论基础，教导学生要以全局观、整体观的视角和可持续发展的战略眼光去看待生态环境乃至一切问题。

（4）胡锦涛的生态文明观

胡锦涛的生态文明观在其提出的科学发展观中也有所体现。科学发展观要求要为了人民而发展，要利用统筹兼顾的方法，实现全面协调可持续的发展。强调人与自然的和谐共生发展，立足于全局，多维全面发展、造福后代的长远生态发展。在党的十六届五中全会上，胡锦涛指出要建设资源节约型、环境友好型的两型社会。在党的十七大报告中，"建设生态文明"的提法第一次出现在国家的政策文件里，并且在党的十八大中将生态文明建设列入"五位一体"的中国特色社会主义事业的总体布局中。强调社会对资源的合理利用，并且在社会繁荣发展的过程中不能造成生态环境的破坏，同时还能有效改善生态环境。

（5）习近平生态文明思想

习近平总书记历来高度重视生态环境保护工作，先后作出一系列重要讲话、重要论述和批示指示，提出一系列新理念新思想新战略。2018 年 5 月习近平总书记出席全国生态环境保护大会并发表《坚决打好污染防治攻坚战 推动我国生态文明建设迈上新台阶》重要讲话，深刻回答了为什么建设生态文明、建设什么样的生态文明、怎样建设生态文明等重大理论和实践问题，并作出了我国生态文明建设处在关键期、攻坚期、窗口期的新判断以及我国正在推动生态环境保护发生历史性、转折性、全局性的变化的新分析，确立、形成了习近平生态文明思想。

习近平生态文明思想是习近平新时代中国特色社会主义思想的重要组成部分，是科学完整的理论体系，是马克思主义人与自然观、生态观在当代中国的最新发展，是马克思主义崭新的生态文明观，并为全球生态文明建设提供"中国方案""东方智慧"。习近平生态文明思想的主要内容主要有如下八方面：①生态兴则文明兴的深邃历史观；②人与自然和谐共生的科学自然观；③绿水青山就是金山银山的绿色发展观；④良好生态环境是最普惠的民生福祉的基本民生观；⑤山水林田湖草是生命共同体的整体系统观；⑥实行最严格生态环境保护制度的严密法治观；⑦"共同建设美丽中国"的全民行动观；⑧共谋全球生态文明建设之路的共赢全球观。

第二节　高校生态文明教育的目标

一、高校生态文明教育目标的确定

1. 高校生态文明教育课程体系目标要素

课程目标是指学生在经过一定教育阶段的学习后，所期望达到的教育效果。课程目标要素作为人才培养的指向标，是课程调节的杠杆，不仅直接关系到课程内容设置的广度与深度，也决定着课程设计的结构与整体功效，是整个课程体系中最基础、最重要的组成部分。课程目标的设定，既是一个知识问题，也是一个技术问题。要做到科学合理地设计课程目标，就需要我们明确知晓课程目标设计的依据是什么，必须遵循哪些原则。

2. 高校生态文明教育课程目标设置的依据

关于课程目标的依据或来源问题，在各位学者长期的思考和反复的实践检验之后，产生了各自不同的看法。波特在《处在十字路口的教育》中指出：教材专家的观点、实践工作者的观点、学生的兴趣是课程目标的主要来源。塔巴在《课程设计的一般技术》中提出：把对社会的研究、对学生的研究、对教材内容的研究视为课程目标的三个来源。最具代表性的是泰勒关于课程目标来源的论述，他在《课程与教学的基本原理》中指出：对学生的研究、对当代社会生活的研究、学科专家的建议三者是课程目标的来源，并进行了详细阐释。而高校生态文明教育所追求的就是通过课程教学，培养出一批批具备生态文明素养的高质量人才，以促进当前我们所面临的严峻生态问题的解决，进而推进我国生态文明建设进程。当然，在这一过程中离不开当下本学科已经取得的理论与实践研究成果的支持。因此，本文在综合诸位学者的观点以及生态文明教育规律的基础上，提出生态文明教育课程目标的设置，要紧紧围绕学生个体的需要、社会发展的现实需要以及学科发展的客观要求三个方面展开。

（1）以学生个体的需要为依据设置课程目标。正如人本主义课程理论所强调的要以学生为中心设置课程，体现学习者的主体性，生态文明教育课程目标的确立要考虑学生的需要是什么，以此掌握学生的基本现状。首先，从时间维度出发，学生的需要可以划分为现阶段需要和长期发展需要，它是一个动态发展因素，会依据学生自身需要和社会发展而动态调整，生态文明教育课程目标的设置要充分考虑这一因素。其次，从内容上，学生的需要既包括身心发展的需求也包括学习的需求，生态文明教育课程目标的设置要充分考虑某一学段学生能够学习什么和需要学习什么。最后，从兴趣上看，兴趣可以在很大程度上激发学生学习的主动性，促进生态文明教育课程目标与学生兴趣的一致性，能够推动课程教学活动的有效进行。

（2）以社会发展的现实需要为依据设置课程目标。社会改造主义课程理论强调主张教育是为了推动社会的变化，而学校课程只是作为改造社会的一项工具。因此，生态文明教育课程目标的设定，在时间维度上，要把当前与未来时段的社会需要相统一，在空间维度上，统一国家与民族的发展需要，将培养学生解决社会问题的实践能力作为重要考察点，从根本上实现让教育为生活做准备的目的。

（3）以学科发展的客观要求为依据设置课程目标。学科作为重要知识载体，其自身的基本知识与结构体系正是开展生态文明教育的基石。因此，在设计课程目标时，必须综合考虑学科的发展，对学科的知识、结构等方面进行深入探究，能够充分地满足学科知识增长的客观要求。综上，由学生因素、社会因素以及学科本身构成了一个有机的整体，三者之间相互作用、相互联系，共同作为设计高校生态文明教育课程体系目标要素的重要依据。

3. 高校生态文明教育课程目标设置的基本原则

课程目标的设定需要我们综合考虑学习者、社会、学科等多方面的制约因素，同时，它还涉及认知、情感和行为技能等领域。可见，设计课程目标是一项极为复杂的工作，为确保每位学习者都能达到各个领域明确要求的水平，有效发挥课程目标的指导作用，必须协调处理好以下几个原则性的问题。

（1）统一性原则。即目标体系要保持内在的一致性与衔接性，避免目标冲突和重复。

（2）全面性原则。全面性包含两个层面的含义，一方面，完整的课程目标体系既要兼顾学习者德、智、体、美、劳的全面发展，也要涵盖学生的知识、技能与道德等各方面的协同进步。另一方面，课程目标是一个在整体上规划学校人才培养规格的完整系统，它是面向全体的，要兼顾全体学生的实际情况，让绝大多数学习者在自身的努力下能够达到的这个统一目标水平。

（3）层次性原则。课程教学是一项循序渐进的教育活动，最终教育目标的实现不是一蹴而就的，因此，要考虑其层次性。首先，课程目标本身从"知识技能"到"情感态度与价值观"再到"行为技能"就是逐层提升的。其次，不同学习者对同一课程目标的实现程度也存在层次性差异。最后，课程目标要与学习者的不同学段层次相适应，由低到高，呈梯度上升。

（4）动态性原则。课程目标是一个动态的生成系统，低层次课程目标达成后，更高层次的课程目标将相伴而生。因此，对预期课程目标的设定要留有一定程度上的协调空间，以便在实际的课程教学过程中，依据具体的情况，适时地调整与改进预设的课程目标，让课程与教学实际实现更好的切合。

（5）超前性原则。课程目标为整个教育活动的展开提供指向和依据，并激励着教育活动的主体朝着目标进取，因此，课程目标的设置要具备一定的超前性，着眼于学生个体以及全社会未来发展的需要，开阔学生视野，激发学生探索未知、大胆创新的意识和能力，能够适当引领社会主义生态文明建设。总之，高校生态文明教育课程体系目标要素的设定既要有统管全局的规定性，也要有一定的弹性空间，要在综合考虑全体学生学习能力的基础上，依据教育活动本身的层次性特色以及社会未来发展的需要，制定契合高校教育实际的课程目标体系。

4. 高校生态文明教育目标的确立

知情意行是构成思想品德的四个基本要素，而思想政治教育就是培养学生的知、情、意、行的过程，生态文明教育作为高校思想政治教育重要环节，也是一个对生态文明思想观念从了解到触动，再到思考与行动逐步上升逐步整合的过程。基于此，高校生态文明教育课程需要达到"知"事、孕"情"、坚"意"、持"行"四个维度的预定目标。

（1）知"事"，即生态认知目标。生态认知目标是高校生态文明教育最基础的要求，涉及两个层面。一方面，要对国内发展情况以及我国生态环境的现况形成一个全面的认识，比如，资源储备情况、突出的生态环境问题等。另一方面，丰富并夯实生态环境学科以及生态环境保护的基础知识，包括生态系统的组成及其相互作用、国家在环境保护方面的相关政策、环保相关的法律规范等。在面对全球气候变暖等严重环境问题的治理时，使学生可以提出自己独到的见解，并能够探究具有针对性的有关环境保护的具体实施方案，从而提升学生的环保意识和环保工作能力。

（2）孕"情"，即生态情感目标。生态情感实质上是人们在自身主观意愿与客观社会环境双重因素的影响下，对生态环境产生的一种主观上的感受。它是在生态环境认知的基础上形成的，同时，也是对生态环境认知的深化和发展。在人的思想品德形成阶段，人们的情感因素会严重影响他们的行为方式以及社会评判。由此，通过生态文明教育课程，深化情感体验，转变大学生对生态环境的认知，逐步建立起大学生热爱祖国大好河山、热爱生命、尊重自然、保护自然、与自然和谐相处的高尚情感，提升他们的生态涵养，为大学生形成正确生态文明观念并在社会生活中落实生态文明行为起到强烈的促进作用。

（3）坚"意"，即树立生态文明意志观念的目标。观念是人们的主观认识与客观认识在一定程度上相协调的集合体。人们对事物做出的决策、计划、实践、总结等活动，通常是依据自身已经形成的观念系统而进行的，并以此来提高自身的实践水平。生态文明观念是生态认知与生态情感的固化，表现为对生态环境的价值评价和价值取向，它直接影响着人们对待生态环境的态度与行为方式。因此，通过生态文明课程教学活动，帮助学生树立起正确的生态文明观念，这种观念一旦形成就会引导学生产生自觉行为，而自觉行为在一定的意志支配下，依靠内部的自我监督反复多次以后，就会形成生态文明行为习惯，促进学生自觉地进行生态文明实践活动。

（4）持"行"，即生态行为技能目标。生态文明行为技能目标是对生态文明的认知学习、情感养成以及观念确立等阶段的延续和深化，是生态文明教育的最终落脚点。它既包括养成并践行节约资源保护环境的生态文明行为，也包括应对与解决生态环境问题的技术能力以及推动生态文明建设的实践能力等。总的来说，生态认知目标、生态情感目标、生态文明观念养成目标以及生态行为技能目标四者之间是相互补充、相辅相成的整体，由浅入深，有机结合，共同构成了生态文明教育课程的目标体系。

二、高校生态文明教育课程体系内容要素

课程内容是课程的本质属性，直接回答了"教什么"的问题。廖哲勋等人在《课程新论》中指出，课程内容是根据课程目标从人类经验体系中选择出来，并按照一定的逻

辑序列组织编制而成的知识和经验体系。①可见，课程内容的甄选首先要以课程目标为依据，同时，也应符合理论之间的逻辑关系、学习者自身成长规律以及社会发展需要等。因此，本节在前文已经明确了的生态文明教育课程目标体系的指导下，通过大量查阅文献，借鉴其他学者关于生态文明教育内容要素的研究成果提出了从三个层面确立高校生态文明教育课程内容体系。

1. 生态文明认知教育

生态文明认知教育，是通过向学习者传授生态科学基本知识以及生态环境现状等，加强学生对生态环境的系统认识，重燃学生对自然环境的敬畏之感。同时，引导学生形成一定的生态危机意识，培养其主动参与解决实际生态问题的责任意识。

（1）生态科学基本知识教育。生态科学知识是指关于生物与环境相互关系的知识体系，具有系统性、开放性、动态性的特点。自开设高校生态文明教育课程至今已经取得了一定的教育成效，但在生态科学知识的系统讲授方面还处于缺位状态，缺乏系统的设计与规划，导致高校生态文明教育呈现碎片化和表面化的倾向。系统的生态科学基础知识教育需要将生态系统的结构、功能、物质循环、能量传递与信息沟通等一系列内容纳入其中，从而使学生能够明确知晓生态学基本概念和原理，了解生态系统的运行规律，掌握人与自然和谐发展的内在规律等。唯有认识、了解并掌握这些自然生态系统的知识体系与系统规律，学生才能在实际生活中更为科学有效地遵循它。

（2）生态环境现状教育。自然界中的阳光、土壤、水源、气候或生物等都是人类生存发展的能量源泉，这些资源的数量和质量的总和则统称为生态环境。生态环境现状教育是指通过教育者向学生详细讲授工业化以来人类破坏生态平衡并承担严重后果的典型案例，分析影响人类生存和发展的这些自然资源在数量和质量上的现实状况，指出当前人类面临的严峻生态问题及其成因等，让学生了解生态环境现状，特别是生态环境不断恶化的现实状况，使他们真正认识到破坏生态环境要付出的沉重代价。大学生心理发展逐步成熟，心理承受能力不断增强，通过生态环境现状教育，能够增强大学生的生态危机感，树立忧患意识，引导他们将生态保护的现实要求转化为主动维护良好生态环境的行为自觉，并形成一种强大的责任感与使命感，能够在学习、生活和社会实践中自觉践行。

2. 生态文明观念教育

生态文明观念的培育作为生态文明教育理论体系中的重要内容，是生态文明行为教育的精神支柱。人们只有以正确的生态文明观念为指导，并以此约束自身的行为，才能不断优化人类赖以生存的环境，更好地指导生态文明的实践。关于生态文明观念教育所涉及的内容颇为丰富，至今并未形成统一的表述，因此，本文在借鉴以往优秀研究成果的基础上，从以下六个方面进行阐释。

（1）生态自然观教育

生态自然观是对人与自然辩证关系的准确定位。长期以来，受错误生态观念的影响，人类一直把自然界作为被征服的对象，以主宰者的姿态毫无节制地对自然资源进行索取和

---

① 廖哲勋，田慧生．课程新论［M］．北京：教育科学出版社，2003：180.

掠夺，最终换来了大自然的严酷报复。为扭转严峻的生态形势，就必须通过生态文明教育，培养大学生的生态自然观，使学生认识到自然界中的万事万物都是普遍联系的，人与自然是相互作用的有机统一体，要用辩证的思维方式正确看待人与自然的关系，科学定位人类在整个自然界中的位置与价值，平等地对待自然万物。

（2）生态价值观教育

生态价值观教育是在摒弃单一的以人为中心的传统经济价值观的前提下，帮助学生理解生态环境价值的双重属性，建立一种新的生态价值观。其一，理解生态环境本身的价值属性。自然界先于人类而存在，它本身就是一个完整的循环系统，能够为一切生命提供能量和资源，并推动着它们不断发展和进化。所以，生态环境具有自身固有的原始价值。其二，理解生态价值还体现在自然对人类的价值。人类生存的空间以及自然界给予我们人类生存所必需的物质资料、科学研究的素材等都来自生态资源，人类的生存和发展都离不开生态环境。

（3）生态伦理观教育

生态伦理观教育在本质上看就是帮助学生实现生态道德责任向日常道德规范的转化，使学生在生活实践中自觉遵守生态伦理道德。生态伦理观教育包括：其一，引导学生敬畏自然，尊重生命。引导学生在自然万物的生存价值上形成道德认同，尊重其他生命的生存权利。其二，人与自然间伦理关系的确立，强调人类对自然环境的道德责任，倡导我们要守住不突破"生态承载力"这一生态行为底线。其三，生态伦理观强调要统筹与协调当代人与子孙后代在利用自然方面的平等权利。

（4）生态法制观教育

生态法制观教育是指通过加强对生态法律法规方面的宣传和教育，让学生充分认识自己在接受大自然的馈赠的同时也有维护良好自然环境的义务，要自觉抵制破坏环境的行为，主动参与生态保护，积极为良好生态环境的维护和建设贡献自身力量。

（5）生态审美观教育

生态美是自然价值的重要体现。而生态文明则是人类将自身的精神价值与自然价值相互融合的基础上，形成的一种审美追求。通过生态审美观教育，引导他们在热爱自然、尊重自然的基础上，真正得到美的体验和享受，促使他们在这种生态审美意识的作用下去创造更加优美宜居的生态环境，同时，在生态审美意识的引导下，促进学生在遵循自然美的规律下开展科研等活动。比如，绿色食品的研发等。

（6）生态全球观教育

我们全人类都生活在同一生态系统中，以实现人类和谐、自由、永续的发展为共同目标。通过生态全球观教育，是要培养学生全球化视野，树立生命共同体观念，主动承担起保护人类持续生存发展的责任和维护地球美好家园义务。

3. 生态文明行为实践教育

生态文明行为实践既是高校开展生态文明教育的最终目的，也是一种重要的教育方法，更是不可或缺的重要教育内容。把生态文明行为实践教育纳入高校生态文明教育课程内容体系当中，有利于帮助学生将生态理论知识转化为生态文明技能，将生态文明观念转化成生态文明行为习惯，形成一种文明和谐的生活方式。

（1）生态文明技能的培养。生态文明技能是将生态文明认知和生态道德情感落实为生态行为实践的中心环节，它既包括垃圾分类处理等生活层面的技能，也涵盖了开发绿色生产方式、创造绿色产品等科学研究方面的技术与能力。高校要以学生自身的学科专业为根据，开展多样化的生态文明建设与生态科技创新等相关知识的教育和实践，引导学生在科技创新的角度对生态环境问题进行探讨，运用学生的生态文明建设新思维带动相关技术与理论的创新，进而促进生态问题的科学化解。

（2）生态文明习惯养成教育。对学生生态文明行为习惯的塑造需要从增强生态认知、加强价值认同、引导行为自觉到养成行为习惯逐步推进。高校可以通过开展独具特色的生态实践活动，使学生将已有的生态文明认知在外界刺激下转换为生态文明行为。同时，实践活动的反作用会加深学生对生态文明知识的价值认同，最终将这些认知、情感、观念固化为一种自觉的行为模式，形成生态文明行为习惯。这种生态文明习惯一旦养成，学生在日常生活中就会自觉践行生态文明实践活动，而这种习惯无形中会辐射更多的人，有利于促进公众生态文明观念的形成。

第三节　高校生态文明教育的意义

生态文明是人类文明的新发展，生态文明建设涉及整个社会文明形态的深刻变革。而提升社会整体的生态文明意识和素养是生态文明建设的有力保障，高校积极开展生态文明教育，它具有深远的时代价值与意义。

一、实现个体全面发展的内在要求

有效缓解环境压力、治理生态问题的关键是要提升国民的生态文明素质。《中共中央、国务院关于加快推进生态文明建设的意见》中明确指出要将生态文明纳入社会主义核心价值体系，加强生态文化的宣传教育，提高全社会生态文明意识。大学生作为未来发展的中坚力量，是生态文明的传播者和践行者，其生态文明素养关乎国家的生态文明战略大计。

1. "生态人"：新时代人的全面发展的重要标识

国家进行生态文明建设是为了实现广大人民群众的根本利益，增进民生福祉，它的最终指向是为了人，建设生态文明与实现人的全面发展有内在统一性。同时，人的全面发展会反作用于社会，推动整个人类社会向前发展。人的全面发展具有时代性，不同的时代条件下发展的重点也在逐渐变化。当前，随着人类文明的进步，基本的生存条件不再能满足人们的需要，而人与自然之间的和谐关系得以凸显，人们的生态需要开始提上日程，生态文明建设需要有与之相应的主体形态，人类也将将在对生态有深入认识的基础上实现自由、全面的发展。因此，培养具有生态理性价值观的"生态人"是新时代人的全面发展的应有之义。①人的全面发展是要实现自身整体素质的提升，激发和培养各种能力。自然绝非是单纯满足人类欲望的工具，它是人类赖以生存的基础，相对人类而言占有优先地位。

所以，新时代人的全面发展目标不仅需要我们具有实现自身和谐发展的能力，更需要具备与自然良性互动、和谐相处的能力。对此，高校思想政治教育中的生态文明教育能够帮助学生乃至社会成员尽快成为遵循自然规律的"生态人"，进而提升人们的整体素质水平，实现人的全面发展，加快生态文明建设进程。

2. "生态适应力"：新时代大学生核心素质结构

生态文明教育是为建设生态文明、实现美丽中国目标所服务的基础性工程。高校思想政治教育必须遵循大学生思想道德的形成发展规律，以生态文明认知、情感、意志、信念和行为习惯为具体目标，将生态文明全面融入思想政治教育全过程。认知是情感和行为产生的基础，对行为起导向作用，所以要培养学生的生态文明认知，提升其对生态环境相关知识的理性认识；情感是对认知的深化，它对于人的行为发挥着重要的调节作用。列宁说过没有'人的感情'，就从来没有也不可能有人对于真理的追求。生态文明情感可以帮助在外部环境与内在自我意识之间形成联系，再逐步转化为日常行为习惯。意志是行为产生的引擎，生态文明意志是指在日常生产生活中克服困境、遵守环保理念的毅力，它会驱使大学生承担起生态环保责任和履行生态义务的行动自觉。信念是连接人的思想和行为的纽带，生态文明信念能帮助学生在维护生态平衡方面树立坚定信仰、形成正确的系统观，为正确的生态文明行为提供动力。行为是人们知识掌握水平和综合道德素质的外在表现，是衡量人们道德品质的根本性指标，也是思想道德培养的终极归宿。生态文明行为习惯是建立在前四者的基础上而逐步养成的，它以生态实践活动的形式带动更多社会成员在全社会范围内践行生态文明理念。

大学生的生态素质与生态行为能力某种程度上决定着国家未来的发展前景。将大学生生态文明素质培养提上日程，是新时代高校思想政治教育培育大学生"生态适应力"和完善新时代大学生核心素质结构的重要举措。目前，大学生普遍存在"生态适应力"不足的问题。对于生态文明相关知识掌握不全面、知识掌握度与实际践行度脱节、生态文明行为习惯失范和生态环保参与度不够等问题。整体上呈现出"认同度较高、知晓度次之、践行度不足"的特点。②因此，高校思想政治教育应增加学生对我国生态现状的了解，唤醒学生的可持续发展意识，树立科学生态观，提高大学生对生态环境的认知水平、对环境风险的辨别能力以及对环境政策的认同度，逐步完善其核心素质结构。

二、高校生态文明教育的现实意义

1. 生态建设的有效助力

现阶段我国生态教育构建工作亟须拥有实践技能和环保素养的优秀人才，以及和生态

---

① 陈红，孙雯. 生态人：人的全面发展的当代阐释 [J]. 哈尔滨工业大学学报（社会科学版），2019（6）：110 – 115.

② 龚克. 担起生态文明教育的历史责任培养建设美丽中国的一代新人 [J]. 中国高教研究，2018（8）：1 – 5.

许可有关的学科帮助。所以，为有效完善高校生态教育机制，引领高校学生提升并构建保护生态环境、顺应生态环境和尊重生态环境的观念，培养具备生态型高素质的学生，是高校服务于我国社会主义现代化的历史重任。与此同时，建设生态教育机制，落实与自然生态有关的理论研究，以此为我国生态文明构建工作发挥推进作用，也是高校在新时期内所肩负的时代重任。加强高校生态文明建设，有益于带动我国生态环境工作，挖掘环境科学与生态学的理论精髓，服务于当代社会主义建设。

2. 生态文明教育是我国高校道德教育的转型

道德教育是高校固有的教育内容之一，是高校传承中国传统文化、弘扬民族精神的重要途径。由于受儒家传统思想的影响，我国德育教育普遍存在重伦理、轻自然的问题，这虽然对构建道德规范、实现人与社会的和谐相处具有重要的作用，却难以帮助学生从人类与生态环境的关系中得到准确的认知，因而唯有将道德体系与生态环境相结合，明确人类对待生态问题的态度，才能通过调整自然与人的关系的方式，破解当前严峻的生态危机。我国乃至世界生态问题背后蕴含着价值观念问题，在我国高校学生人生观和价值观不断稳定的阶段，向学生开展系统而合理的生态教育，帮助其构建合理的生态观体系和有效的人文观机制，激发学生保护环境的社会义务感和责任感，正是高校品德教育转变为生态道德教育的体现。

3. 生态文明教育是学生自由全面发展的需求

马克思主义理论学科强调，自由而全面的人是在社会活动、劳动技能以及综合素养方面有效而全面的发展，所以高校学生的成长体现为我国社会活动机制与自身的和谐、生态关系自身的协调及个体与自我意识的和谐。高校学生唯有在这三种和谐的基础上，才能实现真正意义上的全面发展。不断推进自身发展的机理，确立生命含义和生活意义，合理处理与认识个体与生态、个体与社会以及个体与个体间的关系，是我国大学生全面发展的有效表现，与此同时也是高校学生落实思想生态化的有效手段。生态文明也是研究人与社会、人与自然关系的综合性学科，重视生态文明建设，可有效促进高校大学生在社会领域的全面发展。

三、塑造科学发展理念的应然要求

在高校思想政治教育中开展生态文明教育，能够促使人们提升对生态问题的治理能力；能够推动习近平新时代中国特色社会主义思想"三进"工作；能够为实现立德树人的根本任务引航。

1. 提升生态问题的治理能力

从自然原因来看，我国生态环境非常复杂，要始终坚守保护生态的初心和使命。从人为原因来看，可以发现随着社会的不断发展，人类的野心极大膨胀，尤其是进入工业时代以来，人类一味地征服自然并将获取最大化的资源作为首要任务，不断加快对自然的无节制开发与索取。我国长期受到这种错误观念和粗放型经济发展模式的影响，使得生态环境成为我国全面建成小康社会的突出短板。如在我国河西走廊生命线的祁连山国家级自然保护区存在严重的违法违规开发矿产资源现象、天津垃圾及渗滤液污染问题、大连违法填海问题等都造成了不同程度的生态环境污染与破坏。

习近平总书记多次指出,"我们在生态环境方面欠账太多了"①。人口资源环境问题不仅制约了我国经济社会的可持续发展,还影响到了社会稳定。大气污染、生物多样性急剧减少、臭氧层破坏等一系列现实的生态环境困境开始倒逼人类转变以往高污染、高能耗的传统工业化模式,寻求一种绿色低碳、可持续的新模式。文明的病痛根源于错位的价值观,生态安全是生态文明的一种全新思维向度,国家只有充分发挥了正确价值观的引领作用和先进学生群体在社会当中的辐射带动功能,才能从根本上清除生态文明建设的"软障碍",进而确保生态安全。思想是行动的先导,我们首先要清醒认识加强生态文明建设的重要性和必要性,有效帮助大学生树立科学生态观,在社会中形成良好的生态氛围,进而提升社会整体的生态治理能力。

2. 推动新时代中国特色社会主义思想"三进"工作

习近平新时代中国特色社会主义思想是包括经济、政治、文化、社会和生态文明等内容的极具凝聚力和引领力的系统性的思想价值体系,是新时代提升人民生活水平的理论遵循,更是解决实际问题的有效工具。当前,系统推进该思想"进教材、进课堂、进头脑"是思想教育工作的重中之重。习近平生态文明思想是其重要组成部分,该思想对于生态文明建设具有根本性的指导作用。它是新时代生态文明的实践指南;是绿色发展方式的转型指引;有利于促进环境保护由负外部性转向为正外部性。对于它的全面准确把握有助于从整体上了解和深化对习近平新时代中国特色社会主义思想的理解,为"三进"工作打开突破口。

思想政治教育的发展以党的指导思想和创新理论为根本指导,同时也会发挥反作用力,促进党的思想理论在全社会范围内的普及和贯彻落实。高校进行生态文明教育是思想教育工作者对党的生态政策方针的宣扬和践行,同时可以推动包括生态文明思想在内的习近平新时代中国特色社会主义思想更好地"进教材、进课堂、进头脑",进而获得广大人民群众对于该思想体系的全面理解和高度认同。

"'三进',进教材是基础,进课堂是核心,进头脑是目的。②"开展生态文明教育能够有效推进新思想的"三进"工作。首先,生态文明思想提升了理论的整体高度,提供了良好的理论遵循,为新时代思想进教材奠定基础;其次,思想体系的高度成熟促使相应的知识和方法论体系日趋完善,借助教材内容丰富教学话语体系,丰富课堂教学形式,以时代思维和逻辑脉络激发学生积极性,促进新时代思想进入课堂;最后,思想"入脑入心"是最终目的。生态文明教育有极强的知行结合意识,它能够突破静态理论教育的局限,使新时代思想不仅能够进教材、进课堂,可以"以知促行",使习近平新时代中国特色社会主义思想嵌入学生内心、内化为观念、外化为行动。整个过程实现了从理论体系向教材体系,教材体系向教学体系,知识体系向价值体系的转化。③

---

① 中共中央文献研究室. 习近平关于社会主义生态文明建设论述摘编 [M]. 北京:中央文献出版社,2017.3.
② 陈宝生. 扎实推进党的理论创新成果进头脑 [N]. 光明日报,2018-07-24 (13).
③ 陈宝生. 扎实推进党的理论创新成果进头脑 [N]. 光明日报,2018-07-24 (13).

3. 新时代高校生态文明教育的价值意蕴

（1）事关党的使命宗旨和国计民生

习近平总书记指出，"生态环境是关系党的使命宗旨的重大政治问题，也是关系民生的重大社会问题。"这一论断一针见血地指明了生态文明建设的重大意义。纵观中国共产党的发展历程，生态环境建设始终贯穿党的方针政策，从节约资源、保护环境的基本国策，到可持续发展的国家战略，从中国特色社会主义建设的"两个文明"到"三位一体""四位一体"，再到党的十八大提出的"五位一体"，不仅是中国共产党对马克思主义理论的发展和创新，也体现了中国特色社会主义发展理念和发展方式的变革，更是中国共产党自然情怀、民生情怀的体现。

传播生态文明理念、建设生态文明社会是全世界的共同责任，也是增加人类福祉的重要途径。习近平总书记强调，"环境就是民生，青山就是美丽，蓝天也是幸福""发展经济是为了民生，保护生态环境同样也是为了民生"。要面对新时代的社会主要矛盾，通过普及生态文明教育，促进生态惠民、生态利民、生态为民，进而创造更多优质的生态产品，以满足人民日益增长的美好生活需要。

（2）加快美丽中国建设步伐

党的十八大首次提出要建设美丽中国，党的十九大进一步强调要"加快生态文明体制改革，建设美丽中国"，这构成了习近平生态文明思想的重要组成部分，体现了新时代人民群众对美好生活的向往。建设美丽中国，需要广大人民群众共同参与。习近平总书记指出："每个人都是生态环境的保护者、建设者、受益者，没有哪个人是旁观者、局外人、批评家，谁也不能只说不做、置身事外。"唤醒人们的自觉，把美丽中国的目标转化为人们的行动，很重要的一点是要依靠生态文明教育。通过普及生态文明知识，传播生态文明理念，增强全民的生态意识，培育广大群众的生态道德和行为准则。广大青年大学生是新时代中国特色社会主义的建设者和接班人，也是建设生态文明和美丽中国的主力军，要通过在高校普及生态文明教育，提高大学生的生态文明素养，加快我国生态文明和美丽中国建设的步伐。

（3）丰富高校思想政治教育内容

将生态文明教育纳入高校思想政治教育是中国特色社会主义理论发展的时代要求，也是宣传习近平生态文明思想的重要渠道。高校为新时代生态文明教育提供了新载体、新渠道。生态文明教育亦为高校思想政治教育增添了新的内容，丰富了思想政治教育的内涵，拓展了思想政治教育的范围。一方面，依托高校思想政治理论课开展生态文明教育，讲授马克思主义生态文明理论，普及生态文明道德法制，宣传习近平生态文明思想；另一方面，在专业课程教学和实践锻炼中融入生态文明教育，通过思政课程和课程思政相结合的方式普及生态文明知识，引导广大青年学生正确认识我国面临的生态环境问题，树立生态环保和绿色发展理念，践行绿色生活方式。

（4）落实立德树人的根本任务

以往高校思想政治教育主要强调对社会主义意识形态方面内容的教授，具有鲜明的政治目的性，这是思想政治教育区别于其他教育活动的重要标志。而随着时代的发展进步，思想政治教育有了更为广泛的内容，它深深扎根于现代生活之中，以社会主义现代化建设为政治方向和发展主题，实现了政治性内容与生活性内容的有机融合。高校思想政治教育的主要对象是青年大学生，随着时代的变化，青年学生的思想也表现出明显的时代特征。因此，高校思想政治教育的模式和内涵都要不断进行创新，促进自身的现代化发展。新时代贯彻党的教育方针，全面落实立德树人的根本任务，加快推进教育现代化。"立德树人"是高校育人工作的逻辑起点，也是高校做好思想政治工作的中心环节。"立德"是"树人"的关键，只有当"德"的内涵随时代发展逐渐充实，才能更好地实现"立德树人"。思想政治教育的任务之一就是要因时而进、因势而变，按照特定时代的经济、政治、文化和生态发展等需要培养教育对象的思想道德品质。

目前，对于生态文明的重视已然上升到国家战略层面，高校肩负着中国特色生态文化建设的重任。培养具有正确的生态价值观念、生态文明情怀、生态保护意识的时代新人是高校立德树人的职责所在。思想政治教育的一个重要功能就是提升公民道德水平、协调人与人的关系，而人与人的协调关系又决定着人与自然之间的协调关系。生态与环境问题的背后折射出众多生态伦理问题，促使人们思考人性与生态性二者的关系。"德"的最高境界是对于客观规律包括自然的、社会的和人类自身规律的深层认识、全面把握和自觉遵守。在教育过程中融入生态文明的相关内容可以丰富思想政治教育的时代内涵，帮助学生树立人与人关系的新理念、协调民族利益和全人类的利益以及当代人与后代人的利益，培养学生整体的道德思维、提升其道德境界。

综上，深度审视人与自然之间的关系，融入和补充生态文明相关的指导性内容，帮助学生深化生态道德意识、养成处理人与自然关系的道德规范，是高校思想政治教育面对复杂社会现象和加快了的社会变化频率所做出的正确选择，此举能够突破以往思想政治教育的发展界限，发挥其生命线作用，早日实现大学生德智体美劳全面发展，早日实现国家"立德树人"的教育根本任务。

第三章　高校生态文明教育的现状分析

第一节　我国高校生态文明教育的成效

生态文明教育是一种以实现人与自然和谐共生理念为根本，并将这一理念转化为个体价值观与日常行为的教育活动。改革开放以来，我国为了追求经济效益，曾过度索取自然资源，打破了人与自然的和谐，生态环境遭到严重破坏，人民群众反映强烈，加强生态文明建设已到刻不容缓的地步。2015年4月发布的《中共中央　国务院关于加快推进生态文明建设的意见》明确指出："将生态文明纳入社会主义核心价值体系，加强生态文化的宣传教育，倡导勤俭节约、绿色低碳、文明健康的生活方式和消费模式，提高全社会生态文明意识。"党的十八大以来，习近平总书记在其重要讲话中多次对生态文明建设进行了深入的阐释，尤其是2018年5月18日，习近平总书记在全国生态环境保护大会上的重要讲话，正式确立了习近平生态文明思想。这是标志性、创新性、战略性的重大理论成果，是新时代生态文明建设的根本遵循与最高准则，为推动生态文明建设、加强生态环境保护提供了坚实的理论基础和实践动力。

在新时代进行生态文明建设，高校要积极承担社会责任，充分发挥生态文明教育主渠道作用。高校作为人才培养的摇篮，把生态文明教育融入日常学生教育管理是当前学生培养教育的主要任务之一。在生态文明教育过程中，高校教师要引导学生树立生态文明道德，形成生态文明意识，践行生态环境保护行为。与国外相比，我国的生态文明教育虽然起步较晚，但发展势头良好，并取得了一定的成就。

一、高校生态文明教育逐步经常化，大部分学生已初步具有生态文明意识

1995年9月，中共十四届五中全会《中共中央关于制定国民经济和社会发展"九五"计划和2010年远景目标的建议》提出，"必须把社会全面发展放在重要战略地位，实现经济与社会相互协调和可持续发展"。这是在党的文件中第一次使用"可持续发展"的概念。1996年3月，第八届全国人民代表大会第四次会议批准了《关于国民经济和社会发展"九五"计划和2010年远景目标纲要》，将可持续发展作为一条重要的指导方针和战略目标上升为国家意志。2020年10月，中共十九届五中全会《中共中央关于制定国民经济和社会发展第十四个五年规划和二〇三五年远景目标的建议》提出，"深入实施可持续发展战略，完善生态文明领域统筹协调机制，构建生态文明体系，促进经济社会发展全面

绿色转型，建设人与自然和谐共生的现代化。"实施可持续发展战略，推进生态文明建设，实现人与自然和谐发展，是一项惠及子孙后代的战略性举措，也是中华民族对于人类命运共同体和全球未来的积极贡献。

2014 年环境保护部（现生态环境部）向社会公布了我国首份、历时一年由环境保护部、中国环境文化促进会组织开展调查研究形成的《全国生态文明意识调查研究报告》。①该报告显示，我国公众生态文明意识呈现"认同度高、知晓度低、践行度不够"的状态，公众对生态文明建设认同度、知晓度、践行度分别为 74.8%、48.2% 和 60.1%；公众对建设生态文明与"美丽中国"的战略目标高度认同，78% 的被调查者认为建设"美丽中国"是每个人的事，99.5% 的人选择了高度关注、积极参与；公众生态文明意识具有较强的"政府依赖"特征，被调查者普遍认为政府和环保部门是生态文明建设的责任主体。调查还发现，经济与文化水平对生态文明意识的影响较大。东部地区的知晓度、践行度要比中西部高，但认同度不如中西部；被调查者文化程度越高，知晓度越高，但认同度、践行度却不高；城市居民的生态文明意识明显高于农民。调查同时反映出，被调查者普遍对当前生态环境状况表示高度担忧，最关注的问题有雾霾、饮用水安全、重金属污染等。

根据张佳雨的调查研究②，作者对国防科技大学、中南大学、湖南大学、湖南师范大学、湘潭大学、长沙理工大学、湖南科技大学、吉首大学、湖南中医药大学、湖南工业大学十所高校的在校大学生进行问卷调查，共发放问卷 1500 份，有效回收问卷 1288 份，有效率为 85.87%。问卷设计内容包括大学生的基本信息、对生态文明观了解情况以及所在学校生态教育开展情况等问题。对问卷调查结果统计分析得出，目前绝大多数大学生学习和了解过有关生态文明的知识，对这方面有一定的关注，具体表现在对生态文明概念、提出时间等有正确认知，对生态文明概念的认知度高达 93%，不了解的人数为 0，并且89% 的学生能正确回答生态文明正式提出的时间为中国共产党第十七次全国代表大会，体现出大学生生态文明理念愈加强化，生态责任感逐渐增强，生态发展理念日益深入其内心。在问卷调查中，你是通过哪种渠道了解生态文明相关知识的？有 36% 的大学生是在学校的思政教育课堂上学习生态知识的，有 15% 的同学通过大学生学术讲座、开会等了解生态文明知识，还有 17% 的同学是通过社团活动等多种形式对生态保护知识有所了解。通过学校思政教育课堂学习了解生态知识的同学所占比达 36%，比重最高，通过大学生讲座、社团活动参与生态环保的学生所占比例也占了 32%，通过网络电视、报刊等媒介了解的占 32%。以上足以说明，当前高校对大学生生态文明教育途径比较广泛，大学生对生态文明教育的自觉关注度较高。同时，调查分析显示有 36% 的学生已经接受了生态环境相关的课程教育；有 87% 的学校组织过生态环境保护方面的活动。随着高校对大学生生态素质培养的愈加重视，开设相关课程及实践活动也随之增加，大学生生态文明教育经常化、规范化日渐完善。大学生生态环保意识逐渐增强，生态行为日渐生活化、常态化，能够从自身出发，从身边小事做起。

---

① 顾瑞珍. 我国首份《全国生态文明意识调查研究报告》发布 [N]. 新华社，2014 - 02 - 20 [2021 - 10 - 20].

② 张佳雨. 新时代大学生生态文明教育现状调查与对策研究 ———以湖南省高校大学生为例 [J]. 大庆师范学院学报，2021，41（02）：113 - 123.

二、高校大学生的生态文明素质逐步提高

张文利在 2014 年 6 月《我国高校生态文明教育研究》的硕士毕业论文中通过分析文献资料得出高校生态文明教育的认知度普遍提高 。[①] 在调查的七所高校中有 84.38% 的被调查者知晓生态文明是一种绿色的文明，有 20% 以上的被调查者知晓我国的森林覆盖率，有 70% 左右的大学生对于环境保护问题有所了解，反映出大学生自身环境保护知识方面比较丰富；同时接近 60% 的大学生认为生态文明与自身的学习、生活和未来的工作的关系十分密切，而且 80% 的大学生认识到生态环境的现状，并意识到保护环境的重要性，90% 以上的大学生有意愿加入生态环境保护的队伍中去。他的论文中还提到 87% 以上的大学生不会乱丢垃圾，会主动将手上的垃圾丢到分类垃圾桶内，65% 的大学生会在打印的时候选择双面打印节约资源，61% 的大学生使用了购物袋后会留存起来下次使用，这说明了大学生已经开始将生态文明意识转化成他们的日常生活行为中去，生态文明意识已经开始影响到他们的生态实践活动。同时，在调查中有 68% 的大学生愿意选修跟生态文明教育相关的选修课程，并提出他们学习生态文明相关知识是来源于学校的一些理论教育和实践教育活动。

白雪赟在其硕士毕业论文中通过问卷调查分析[②]，认为大学生生态文明素养逐步提高。问卷中对"你是否愿意加入高校绿色社团"做了针对性提问，结果显示大学生的接受意愿为 68.1%，不接受意愿所占比重为 11.5%。问卷中设置了对我国环境问题的基本认知，有 660 名大学生认为我国环境问题比较严重，占到 58.4%，认为不太严重的仅有 36 名学生，占到 3.4%。问卷对"高校生态文明教育内容对自己的影响"，数据显示超过 45% 的大学生认为高校生态文明教育内容对自己影响是有效果的，对生态行为准则的影响认同率超过 70%，其中，认为生态文明思想的融入对大学生起着有效影响的占到 49.1%，生态道德观对自己有影响的占到 42.0%。问卷中对"您平时如何践行生态文明活动"进行了调研，"经常将垃圾分类投放"的比重为 57.1%，"经常与自己的亲戚朋友讨论环境问题"的比重占到 42.3%，"经常在采购日常用品时自己带购物袋或购物篮"的比重为 42.2%，"经常积极参加社团举办的环保活动"的比重占 31.0%。

三、高校思想政治理论课对生态文明教育发挥了主渠道作用

高校的思想政治教育课包括：思想道德修养与法律基础、马克思主义基本原理概论、毛泽东思想和中国特色社会主义理论体系概论、形势与政策等。这些课程是每个高校都普及了的公共基础教育课程，思想政治教育理论课作为高校的公共基础理论课程对生态文明教育发挥了重要的作用。

思想道德修养与法律基础的教学内容里蕴含着充足的生态文明理论教学资源。一是在定义"爱国主义"时就提到"爱祖国的大好河山"，那么保护生态环境就是爱祖国大好河

① 张文利. 我国高校生态文明教育研究 [D]. 大连：大连海事大学，2014：6.
② 白雪赟. 新时代高校生态文明教育的实证研究——以山西省高校为例 [D]. 太原：山西财经大学，2021：3.

山的要求，从而要求大学生把保护生态环境当成爱国的一种行为，提升了生态环保的高度。二是在"科学对待人生环境"中提到大学生如何科学地处理好他们与周边人生环境的关系，其中关于"人与自然的和谐"中就强调说明人与自然的关系，并提出正确认识人与自然是互相依存的关系，科学把握人对自然环境的改造过程、注重人与自然的协调可持续发展等内容，并将党十八大以来关于生态文明的重要精神融入提升大学生对于生态文明建设各项事业的理解中去，让大学生认识到生态文明建设在全面建成小康社会的各项事业中的重要地位，自身主动去理解人与自然的关系。三是在"社会公德"的培养教育内容中"涵盖了人与人、人与社会、人与自然之间的关系"，将保护自然环境列入道德层面来对大学生进行普及教育，可以形成他们良好的生态道德理念，从而影响到他们的行为。四是在"法律基础"中普及大学生关于生态环境相关的法律法规，引导大学生合理运用法律法规对破坏环境的行为作斗争。

马克思主义基本原理概论是高校思想政治教育课程体系的首要与核心基础课程，是培养大学生正确的世界观、人生观和价值观的重要课程，蕴含着马克思主义生态观的大量理论思想，是生态文明教育的重要资源。马克思主义哲学是以实践作为基础的，因此教材在哲学部分就讲到人类通过实践形成与自然世界的关系。同时用辩证唯物主义的方法分析了人与自然的辩证关系，人类的生存与发展必然会对生态环境造成或多或少的影响，这个矛盾是必然存在的，但是人类对于生态环境造成的影响势必也会波及人类自身的生存与发展，认识到人与自然相互依存的关系后，人类在处理矛盾的过程中也会不断构建与自然的和谐关系。因此，社会的和谐发展，人与自然的和谐关系，都是通过在不断产生矛盾与解决这些矛盾的过程中进行的。

毛泽东思想和中国特色社会主义理论体系概论是高校思想政治教育理论课的核心内容。其中包括了中国领导人对于生态文明建设的思想理念，并指引中国特色社会主义事业的全过程。一是关于科学发展观。科学发展观的主要内容是正确处理人类在经济发展过程中如何处理与自然的关系，强化了全面协调可持续发展的经济发展方式，强调了加强生态文明建设的重要性。二是习近平新时代中国特色社会主义思想。党的十八大把生态文明建设纳入中国特色社会主义"五位一体"总体布局。以习近平同志为核心的党中央站在坚持和发展中国特色社会主义、实现中华民族伟大复兴的中国梦的战略高度，提出了一系列新理念新思想新战略，形成了习近平生态文明思想。

四、部分高校已开设生态文明相关专业学科及课程、研究机构

从学科设置来看，我国生态教育趋于专业化。我国双一流高校、地方本科高校、职业院校均设有生态学、环境工程、土地资源管理等相关生态专业学科。比如，武汉大学开设了能源与可持续发展、全球变化与环境导论、自然灾害与防灾减灾、水土流失与水土保持等全校公共选修课程。东北大学开设了生态经济学、环境概论等公共基础课，以及生态与可持续发展等专业基础课。华南师范大学开设了可持续发展与教育、绿色经济学、环境与健康、生态文化鉴赏等全校公共选修课程。北京林业大学开设了生态伦理学、生态文明、西方生态文明、生态经济学、湿地保护与概论、环境保护与可持续发展、全球环境问题概论等全校公共选修课程，也开设了一系列生态专业基础课程。比如，园林专业开设了植物

生态学、景观生态学、城市生态学等专业基础课程；环境科学专业开设了环境生态学、环境经济学、环境法学等专业基础课程。

从课程设置来看，已有部分高校将生态文明教育融入思想政治理论课或单独开设生态文明必修课。如南开大学开设了环境保护与可持续发展、生态文明十五讲、从环境问题到生态文明三门公共课；复旦大学开设生命环境与生命关怀的生态文明核心课程；湖北生态工程职业技术学院开设了生态文明简明教程、绿色中国作为公共必修课；湖南环境生物职业技术学院开设了生态文明通论；长沙环境保护职业技术学院开设了新时代生态文明建设理论与实践公共必修课；江西环境工程职业学院把生态文明教育课程列为公共必修课。2021 年 6 月 16 日《教育部关于公布课程思政示范项目名单的通知》（教高函〔2021〕7 号）文件发布，湖南环境生物职业技术学院生态文明通论课程被教育部评定为课程思政示范课程，文学禹教授领衔的课程团队被确定为国家课程思政教学名师和团队，这是高校当中唯一一个由教育部认定的生态文明教育课程思政示范课程和教学名师团队。

从科研机构设置看，我国部分高校专门设置科研院所（中心）深入研究生态文明教育。如北京大学最早于 2007 年 11 月成立了中国首个生态文明研究中心；清华大学于 2016 年 4 月成立了生态文明研究中心；南开大学、湖南师范大学、河北农业大学都成立了生态文明研究院；浙江大学与安吉县校地合作成立浙江生态文明研究院；贵州省贸促会与贵州大学共同筹建了生态文明（贵州）研究院；海南大学成立了生态文明法治研究中心，等等。

五、成立了中国高校生态文明教育联盟

为进一步推进高校生态文明教育的发展，2018 年 5 月 26 日，由南开大学、清华大学、北京大学三校首倡的中国高校生态文明教育联盟正式成立，国内 150 余所高校"加盟"其中，旨在以生态文明思想和理念化育人心、引导实践，构建高校生态文明教育体系，带动和引导全民生态文明教育，肩负起培育生态文明一代新人的新使命、新任务。[①]

南开大学时任校长、生态文明研究院院长龚克，针对大学生文明意识和全国高校生态文明课程开设情况进行了调查。结果显示，当前，中国高校生态文明教育存在大学生生态文明意识匮乏，生态行为滞后，学科体系及人才培养体系不够健全，高校教师专业性过强，缺乏专业融合性，生态文明教育的社会支持体系不完善等突出问题。

在联盟成立大会的高校生态文明教育研讨会上，与会专家学者一致认为，高校亟待加强校园生态文明软硬件建设，提升大学生的生态文明认知、认同、践行度，构建生态文明教育体系；要把生态文明作为素质教育的重要内容普遍推开，大力推进"知行合一"的生态文明教育新模式，将生态文明教育渗入课堂内外，研制生态文明教育大纲和示范课程与系列教材。

中国高校生态文明教育联盟通过高校之间、学科之间的密切对话、交流与合作，共同开展生态文明教育体系、教学方法和知行途径等研究探索，集萃生态文明相关优秀教师、

---

① 陈欣然. 中国高校生态文明教育联盟成立［N］. 中国教育报，2018－05－28［2021－10－20］.

教材、课程，共享生态文明优质教育资源，着力开展生态文明教育系列教材编写、生态文明教育共享课程开发、生态文明基本学理研究、高校生态文明教育门户网站建设、大学生生态文明实践创意平台搭建等方面的工作。同时，全国高校生态文明教育联盟也将走出国门，开展国际性生态文明的高端学术对话与新科技、新理论的交流分享。

六、多所高校获评"国家生态文明教育基地"

为加强生态文明教育基地的建设与管理，促进全社会牢固树立生态文明观念，国家林业局（现国家林业和草原局）、教育部、共青团中央于 2009 年 4 月联合发文启动国家生态文明教育基地评选活动并制定《国家生态文明教育基地管理办法》。根据该办法，"国家生态文明教育基地"是指具备一定的生态景观和教育资源，能够促进人与自然和谐价值观的形成，教育功能特别显著，经国家林业局、教育部、共青团中央共同命名的场所。国家生态文明教育基地是面向全社会的生态科普和生态道德教育基地，是建设生态文明的示范窗口。

截至 2022 年，共评选了六届国家生态文明教育基地，先后有东北林业大学、北京大学、浙江农林大学、湖南环境生物职业技术学院、复旦大学、江西环境工程职业学院、武汉大学、首都经济贸易大学、福建农林大学等九所高校获评并被授牌。这些高校普遍重视生态文明教育工作，把校园作为生态文明教育的主阵地，把生态文明理念的培育放在人才培养的重要位置，依托突出的学科优势，开展了形式多样的生态文明教育实践活动，寓教于行、辐射人群，取得了良好的效果。他们在加强环境生态方面的教学研究力度、生态文明教育师资队伍建设、提高师生环保意识和引导学生生态文明观形成、学生自我教育以及社会环保公益实践等方面下功夫，形成了在生态文明教育工作上"人人都是教育者和被教育者"的共识，在全国高校生态文明教育中走在前列，起到了很好的示范作用。

七、部分高校生态文明教育课程体系建设已初具规模，实践教育特色明显

部分农林类院校凭借其研究领域、学科设置等自身的独特优势，为生态文明教育课程体系建设提供丰厚的可用资源，在生态文明教育中发挥关键作用。[①] 具体表现在以下几个方面：一是学科优势明显。大部分农林院校基本以农林学科为优势学科，农、林、水等为其特色专业，这些多样又各具特色的学科专业都与生态环境教育学科有着密不可分的关联，为其开展生态文明教育提供了重要支撑。二是师资力量雄厚。依托学校优势学科和专业，学校不断培养或引进具有丰富的生态知识与技能的教师队伍，从根本上确保了生态文明教育所需要的优质师资。三是实践条件完备。农林院校大多是兼具理论性、应用性与实践性的学科，要求学生掌握一定的专业技能和具备一定的实操能力，这决定了此类高校在实践平台等方面的资源较为丰富，能够为学生与教师的实习与科研提供实践场所。

基于以上三方面的独特优势，部分农林院校的生态文明教育课程体系建设已初具规模。如西北农林科技大学，在目标方面，该校明确提出，通过生态文明教育培养学生热爱

---

① 孟玉新．我国高校生态文明教育课程体系建设研究［D］哈尔滨：东北林业大学，2021：6.

自然的情感态度，帮助学生牢固树立生态文明观念。在内容上，开设了生态文明与森林文化、生态文明与可持续发展、秦岭生态环境与生态系统等选修课程，课程内容设置比较丰富。在课程实施方式上，除了采用传统的课程讲授式教学方法，还依托其地域特色，组织开展秦岭生态文明实践教育课程，带领学生深入秦岭腹地，借助现场教学、实地调研等帮助同学们了解生物科学与生态环境知识，促进学生在生态文明情感、理念和行为上达到预期教育目标。

高校生态文明教育在历经实践的反复检验后，部分高校逐步认识到当前单一的"灌输式"的生态文明教育相关理论课程，虽然能够让学生掌握一定的生态文明认知能力，但学生仍处于被动地接受知识的阶段，其生态文明实践能力和解决问题的能力无法得到很好的锻炼。于是，部分高校开始积极探索新形式的生态文明教育课程，通过充分开发课程资源，搭建生态文明实践教育平台，发展生态文明教育实践课程，发挥实践育人功能，为本校学生以及其他社会公众提供生态文明教育实践基地。一些高等院校在结合自己地理条件、学校办学特色以及优势学科等的基础上，积极搭建生态文明教育实践教学平台，为学校生态文明教育实践课程的开设创造了十分有利的现实条件。

东北林业大学和浙江农林大学作为国家生态文明教育基地，他们的生态文明实践教育资源丰富，充分发挥了实践育人功能。东北林业大学建造了我国首家高校森林博物馆——中国（哈尔滨）森林博物馆。该博物馆借助复原的森林景观等向人们展示森林的起源与演替、森林群落与生态系统等内容，从森林与自然界和森林与人类社会两个维度，向学生诠释了人与自然环境的关系，向参观者传播丰富的生态文明观念。此外，东北林业大学还设有帽儿山实验林场、凉水实验林场，在作为教师和学生科研、教学实践基地的同时，也为深化学生对生态文明内涵的理解以及学生生态实践技能的提升提供了重要平台。

浙江农林大学秉持"生态化理念，生态化教育，生态化管理与生态化学校"的办学特色，大力建设校园生态环境，打造了校园的"生态走廊"，同时，与农林碳汇馆、竹木科技馆、古道文化园等相连，形成了植物园与校园"两园合一"的优势特色，到处体现着"尊重自然、保护自然、绿色生态"的理念。

长沙环境保护职业技术学院作为湖南省绿化先进单位、湖南省园林单位、湖南省环保科普基地和长沙市生态文明教育基地，校内建有并实时运行污水处理实验平台、生活垃圾处理站、生活除臭设备，环保科普馆对学生和社会公众开放，通过这些生态文明实践教育等场所，着力普及"绿色""低碳""循环""环保"的生态文明思想理念，社会反响很好。

第二节　我国高校生态文明教育存在的问题

一、校园文化建设缺少绿色发展理念，校园生态文化建设滞后

由六部门联合发布的《全国环境宣传教育行动纲要（2011—2015年)》明确要求，要推进高等学校开展环境教育，将环境教育作为高校学生素质教育的重要内容纳入教学计划，组织开展"绿色大学"创建活动。高校文化建设代表着该学校的整体风貌。绿色，是当前高校积极开展生态文明教育的时代底色。创建"绿色大学"是高校践行习近平生态文明思想的重要途径和工作目标。绿色大学不仅是直观的绿，更是需要具备绿色治理、绿色规划。我国"绿色大学"起步较晚，大多数高校并未将绿色发展理念融入大学校园文明建设之中，因此，会影响我国高校生态文明教育发展的进程。

良好的校园环境是师生工作、学习以及生活的载体，也是建设生态校园的内在要求与重要标识。在校园物质文化建设方面，各高校在楼宇规划、教育设施以及绿色景观布局建设上，没有形成生态文化与生活环境相互协调、功能融合的整体格局，低碳生活配套规划、节能环保等功能缺失。这些年各高校发展较快，特别是基础建设投入多规模大，大部分都有新建校区，但新建校园生态建设没有跟上，成为明显的短板。例如，大部分新校区园林绿地布局单调，绿化植被面积少，使校园虽有高楼林立、城市繁华的气派，但相对缺少生态景观、自然美丽的气息。尤其是地处南方的高校多雨潮湿，有的校园内雨水排放设施功能不全或缺失，梅雨季节存在雨水存积、排放不畅现象，不仅给师生带来工作生活的不便，同时也影响校园环境质量和生态审美。在校园精神文明建设方面，虽然各高校以及各院系均有官网、官方微信、微博公众号、电子宣传屏等现代网络媒体平台，但其投放宣传的内容多是科研教学、校务工作等内容，缺少生态文明知识传播和生态环保活动开展的宣传报道。另外，督促实行垃圾分类、不乱扔垃圾、不随地吐痰、随手关灯、关空调，提倡爱护花草、绿色出行、低碳生活等警示语录、宣传标语等几乎很少张贴悬挂，生态文化建设的良好气氛没有形成，教育措施未能落到实处。[①]

二、大学生生态意识呈现出宏观认可但微观模糊的认知偏差

大学生是建设社会主义的栋梁之材，肩负着宣传与弘扬生态文明思想的重要使命。作为生态文明时代新人，大学生在生态意识中已呈现出宏观认可，但其理念仍处于模糊状态，尚未形成正确的生态文明观念，存在浪费资源、过度消费等有悖于生态文明价值观与消费观的现象，即呈现出一定的认知偏差。

就产生这一偏差的原因而言，首先要归结于我国生态文明教育，尤其是高校生态文明

---

① 张佳雨. 新时代大学生生态文明教育现状调查与对策研究——以湖南省高校大学生为例 [J]. 大庆师范学院学报，2021，41（02）：113–123.

教育起步较晚，发展尚处于初级阶段。处于初级阶段的我国高校生态文明教育一方面具有我国高等教育脱胎于计划经济时期的通病：重理论考试而轻实践应用、重课堂教育而忽视生活化融入、重教师灌输而忽视被教育者的自学和朋辈教育、重知识教育而忽视校园文化熏陶等。另一方面我国高校生态文明教育自身存在着一定的问题，主要表现为我国生态文明理论原创性不强、国外环境教育与我国高等教育体制差异性较大、生态文明教育与高校的思政教育、专业教育、通识教育之间的关联和协同不强。这就导致我国高校生态文明教育的供给或者是输出停留在国家生态文明理论和政策的宣传上，基于绿色生活方式和生产方式要求的生活化的生态文明教育尚未形成。

新时代高校生态文明教育首先在目标上要明确：从理论塑造的角度来说，高校未能充分利用并结合时代背景，将"立德"渗透到生态文明教育中，立蕴含生态文明观念之德；从实践培育的角度说，高校要将"树人"作为契合点，树践行生态文明行为之人。高校要培养出一批具有"生态反思"精神，能够将教育外化转为生态自觉，兼具责任与担当的理性生态人，为我国生态文明建设提供坚实良好的智识支撑与人才队伍。建构生态文明教育体系，使他们自觉地树立生态价值观，懂得尊重、善待自然，培育集知识、素质、行为于一体，具有高质量生态素养的大学生。①

三、大学生个体生态文明知行脱节，"三自教育"能力不足

在生态文明意识方面，大学生虽能够正确认识人与自然的关系，生态文明认同程度较高，对生态文明建设的态度端正，但是，大学生的生态文明意识相对脱离实际，集中表现在对生态文明相关常识掌握不够、专业知识欠缺、责任意识淡薄、重结果而不注重过程等，生态意识过于理想不能内化成习惯，导致生态文明知行脱节。

在行为方面，大学生当中存在与生态文明相悖现象，例如，频繁点外卖、浪费食品、不节约水电、过度使用纸张、超前消费、过度消费、践踏草坪、涂画课桌等；大学生生态文明行为相对滞后，集中体现在不能正确进行垃圾分类、不会直接批判或制止他人不文明行为、被动参加生态类活动等。此外，自我教育能力不够，大学生既是生态文明教育对象，也是生态文明教育主体之一，高校倡导的"三自教育"是指大学生要进行"自我教育、自我管理、自我服务"，而实际上大学生的"三自教育"能力远远不够，在生态文明教育方面体现在内驱动学习不足、生态实践活动自觉性不够、对他人的正面影响力薄弱等，尚不能有效发挥生态文明教育主体的角色作用。②

四、生态文明课程评价体系尚未形成

完备的课程评价体系能够准确衡量课程目标的实现程度，监测课程实施质量与效果，并以此为依据诊断、修订与完善课程体系建设。通过调查与访谈发现，当前高校采用了一些评价手段对生态文明教育课程进行评价，但课程评价体系尚未形成，仍然存在诸多问

① 白雪赟. 新时代高校生态文明教育的实证研究——以山西省高校为例［D］. 太原：山西财经大学，2021：3.
② 叶丽芬. 新时代美丽中国视域下大学生生态文明教育研究——以在榕高校为例［J］. 大学，2021（7）：4.

题，主要表现在三方面①：

第一，评价主体单一。由于生态文明教育活动涉及教师、学生、学校管理者等参与者众多，而传统的生态文明教育课程评价往往只指教师对学生的评价，这种评价主体单一的现状容易产生片面化的评价结果，导致相关人员无法全方位、多角度地掌握本校生态文明课程实施的具体情况，使得课程的改进与优化也无据可依，进而引起教育效果愈加不尽人意，造成了一种恶性循环。

第二，评价内容不全面。据调研数据分析可知，当前大部分高校的生态文明教育课程评价都着重考查学生对知识的记忆与掌握，而缺乏对学生观念态度和行为方式的转变以及解决实际问题的能力等方面的考察。当问及"您所在高校的生态文明教育课程评价的内容包括以下哪几项指标"时，其中选择"生态文明知识的掌握程度"这一指标的学生占比为 82.65%，而同时以"生态文明知识的掌握程度、学生生态文明观念转变的稳定性、学生生态文明行为外化的连续性以及学生解决生态问题的实际应用能力"作为课程评价指标的占比不足 29.78%。可见，当前这种课程评价所涉及的内容并不全面，缺乏系统性。

第三，评价方式固化。调查结果显示，以考试等形式呈现的结果性评价几乎是当前应用最普遍的生态文明教育课程评价方式，导致课程评价陷入了"唯成绩论"的僵化局面，造成学生产生应试心理，无法达到生态文明教育的预期效果。关于"您所在高校的生态文明教育课程评价方式是？"这一问题，仅有不足 6.31% 的学生表示是以阶段性的过程评价与结课考试相结合的方式进行的，而高达 93.69% 的学生则表示通过期末考试、结课论文或是以社会实践及实践调查报告为依据进行的。表面上看，似乎课程评价形式有所不同，但仍然难以撼动"学业成绩"在课程评价中的主体地位，更不能掩盖单一的注重结果性评价的事实。

五、生态文明教育教师队伍专业化程度低

在全国教育大会上，习近平总书记强调，教师"承载着传播知识、传播思想、传播真理，塑造灵魂、塑造生命、塑造新人的时代重任"。一支专业技能过硬、育人水平高超、作风建设优良的教师队伍是更好地开展大学生生态文明教育工作的基础保障。就整体而言，我国现阶段生态文明教育专业教师队伍是比较薄弱的，一方面，部分教师是非科班出身，缺乏专业的知识和技能，没有接受过专门的生态文明教育培训，加之自身生态意识不强及生态理论知识欠缺，难以有效灵活授课；另一方面，少数教师存在职业疲劳倦怠情绪，对新知识的学习积极性不高，因而教学缺少热情，存在敷衍了事的现象，部分教师更多习惯于注重学生的专业知识培养，而忽视对其生态素养的培育；另外还有一些高校教师在日常生活和工作中生态意识、忧患意识、责任意识、法治意识淡薄，并未能以身作则，由此对大学生生态文明教育起到消极影响。目前高校生态文明教育专业教师队伍情况不容乐观，质量参差不齐，非专业人员较多，不利于大学生生态文明教育工作的开展与创新。

---

① 孟玉新. 我国高校生态文明教育课程体系建设研究 [D]. 哈尔滨：东北林业大学，2021：42.

　　教师在整个生态文明教育过程中扮演着研究者、建设者、实施者与评价者等多种角色。要实现教师在这些不同角色之间的自如转换，其根本前提就是提升教师自身的综合素养与能力。生态文明教育课程属于思政课程，这就需要授课教师不仅具备生态学理论，更需要有思想教育的基础，以达到以生态理论为基础培养学生生态文明意识的目的。授课教师不仅要具备生态理论，还需要学习经济、旅游、农业、工业等相关领域的理论以及准确理解其与生态文明之间的关系，这对生态文明教育授课教师提出了更高的要求。因此，打造一个思想过硬、知识全面、专业过硬、技能过硬的优秀教学团队是开展生态文明教育亟待解决的问题。因此，加强师资队伍建设是高校生态文明教育的基础性保障，打造一支质量优良、数量充沛的师资队伍需从以下三个方面入手：

　　首先，加强对高校现有生态文明教育任课教师的培训。教师培训是最为快速有效地完善教师的生态文明相关知识储备，提高生态文明素养，整体拔高教师队伍质量的方式之一。加强教师培训：一要确保培训内容的针对性与全面性。即每次培训的主题要针对生态文明教育课程实施过程中反映的关键问题和突出困境，既要涵盖清晰、全面、深入的理论知识层面的培训，也要兼顾实践层面的指导。二要推动教师培训常态化、多样化与规范化。师资队伍整体专业水平的提升不是简单地通过一次或几次讲座就可以实现的，因此需要学校定期或不定期开展形式多样的培训，以持续性地为教师创造学习机会，并及时做好培训进程的分析、总结与修整工作，在整体上加强教师培训的规范性。

　　其次，引进生态文明教育专业人才。高校可以借助政策扶持、人才引进战略等方式广泛吸纳生态文明教育方面的专业人才，实现在数量上丰盈师资队伍。

　　最后，加强生态文明教育任课教师之间的交流与合作。通过组织多种形式的教研活动（如备课、听课、评课等），促进教师之间的对话与交流，形成相互学习、相互激励、共同提高生态文明教学水平的合作氛围。

六、生态文明教育教学模式单一且不注重实践

　　高校生态文明教育的教学模式单一，导致效率低下。我国传统的教学模式为以教师、教材、课堂为中心。在整个教学过程中，教师主动输出，学生被动输入。这种教学模式使学生过于被动，无法激发学习兴趣，致使学习效率较低。[①]生态文明教育与专业技能知识不同，其教学方式、评价方式应多维构建。如果不能找到合理的方式激发大学生对生态文明的兴趣，会对学生求知欲、课堂质量造成消极影响，不利于学生真正确立生态文明思想，做生态文明的践行者和传播者。然而，由于部分省份、部分高校生态文明教育还处于起始阶段，教师储备不足、生态文明教育场地有限、教学资料及设备缺乏等问题突出，这就使这些高校的生态文明教育缺乏必备的实践教学环节。

　　生态文明行为实践既是高校开展生态文明教育的最终目的，也是一种重要的教育方法，更是不可或缺的重要教育内容。把生态文明行为实践教育纳入高校生态文明教育课程内容体系当中，有利于帮助学生将生态理论知识转化为生态文明技能，将生态文明观念转

---

　　① 解佳琦，刘旭东. 新时代高校生态文明教育的现状与优化路径探析［J］. 华北理工大学学报（社会科学版），2021，21（05）：106－110.

化成生态文明行为习惯，形成一种文明和谐的生活方式。

第一，生态文明技能的培养。生态文明技能是将生态文明认知和生态道德情感落实为生态行为实践的中心环节，它既包括垃圾分类处理等生活层面的技能也涵盖了开发绿色生产方式、创造绿色产品等科学研究方面的技术与能力。高校要以学生自身的学科专业为根据，开展多样化的生态文明建设与生态科技创新等相关知识的教育和实践，引导学生在科技创新的角度对生态环境问题进行探讨，运用学生的生态文明建设新思维带动相关技术与理论的创新，进而促进生态问题的科学化解。

第二，生态文明习惯养成教育。对学生生态文明行为习惯的塑造需要从增强生态认知、加强价值认同、引导行为自觉到养成行为习惯逐步推进。高校可以通过开展独具特色的生态实践活动，使学生将已有的生态文明认知在外界刺激下转换为生态文明行为。同时，实践活动的反作用会加深学生对生态文明知识的价值认同，最终将这些认知、情感、观念固化为一种自觉的行为模式，形成生态文明行为习惯。这种生态文明习惯一旦养成，学生在日常生活中就会自觉践行生态文明实践活动，而这种习惯无形中会辐射更多的人，有利于促进公众生态文明观念的形成。比如，长沙环境保护职业技术学院组织成立了"新芽环保协会""123 环保调查协会"等环保类学生社团，经常到校外开展各项生态环保宣传教育和调查实践活动，社会影响大，还获得了湖南省百佳大学生社团称号，不仅参与的学生生态文明行为习惯得到养成，还影响了社会公众的生态文明观念和行为习惯。

七、生态文明的协同育人体系初步形成但联动机制不强

党的十八大以来，尤其是在习近平生态文明思想的引领下，将推进生态文明建设、建设"美丽中国"作为共识目标，以高校为核心，党、政、企、社多元主体参与的生态文明协同育人体系已初步形成。高校积极协调领导层、管理者、后勤保障、教师、学生等多维主体，联动社区、社会、政府、家庭等多向层级，体系或建制较为健全。但是，由于历史与现实多重因素影响，协同育人的联动机制仍有待进一步提升。[①]

1. 高校生态文明教育尚未建立协同育人的评价体系

目前尚无这一领域的评价指标体系，导致协同育人体系多停留于口号理念层面。要坚持生态文明理念与实践的基本遵循，创建高校生态文明协同育人体系，通过优化配置、有序组织教育基本要素，重点推进管理体制与评价机制建设，切实提升大学生生态文明素养。

2. 高校内部的生态文明教育管理体制应进一步完善

高校党组织应充分发挥党在组织开展生态文明教育上的领导作用，加强党的统一领导与规划，将生态文明思想落实到决策程序与管理的日常工作与教学之中，做到思想认识全面深刻、政策落实到点到位、工作责任到人到事、资金保障及时充足。以习近平生态文明思想为引领，制定高校生态文明教育管理制度原则、准则与实施方案，成立相关职能部

---

① 白雪赟. 新时代高校生态文明教育的实证研究——以山西省高校为例［D］. 太原：山西财经大学，2021：37.

门、配备专门人员，认真贯彻落实生态文明教育与管理的各项计划。协调各部门真抓实干、齐抓共管、协同联动，加强督促落实生态文明教育工作。

3. 高校内部的生态文明教育管理缺乏评价体系机制

评价机制是高校生态文明教育建设的重要环节，决定着高校生态文明教育的发展态势与走向，简言之，评价机制也是激励与完善高校生态文明教育的关键一环。高校应及时吸取国外优秀生态文明教育经验，借鉴其影响因子的评价与关键要素，评估了解当前生态文明教育是否符合学生发展的诉求；通过聘请或邀请权威专家学者，及时分析检验生态文明教育的原则与方法是否科学、可行；通过及时检测评估，了解大学生的生态文明价值取向与行为动态，因势利导、优化资源与环境，推动高校与社会、政府、社区等多维向度的联合与贯通，打通学校—社会—政府—家庭—社区的横向渠道，实现生态思想—生态理论—生态实践—生态价值的纵向关联，推动高校生态文明教育的体系化与制度化建设。

第三节　高校生态文明教育存在问题的根源

一、对高校生态文明教育的战略地位和时代价值认识不深刻

习近平总书记在全国生态环境保护大会上强调，要加快构建生态文明体系，加快建立健全以生态价值观念为准则的生态文化体系，以产业生态化和生态产业化为主体的生态经济体系，以改善生态环境质量为核心的目标责任体系，以治理体系和治理能力现代化为保障的生态文明制度体系，以生态系统良性循环和环境风险有效防控为重点的生态安全体系。这五大体系相辅相成，共同构成新时代生态环境保护和生态文明建设的全局性、根本性对策体系。其中生态文化体系是基础，属于价值观念层面，是生态文明建设的灵魂和根基，为推进生态文明建设提供理论引领、精神滋养和智力支撑。要想大力倡导和培育生态伦理和生态道德，构建人与自然和谐共生的生态文化，在高校大学生中提倡先进的生态价值观，形成科学的生态审美观，就要求我们对加强高校生态文明教育的战略地位和时代价值有系统的、历史的、全面的深刻认识。

1. 开展生态文明教育是时代发展的客观需要

工业文明在经济发展取得空前辉煌成就的背后，是资源消耗加速、环境污染加重、物种灭绝加快、生态平衡破坏加深等严重影响人类可持续发展的生态危机。生态文明是对工业文明的反思，是一种新的文明形态，建设生态文明已成为世界各国的共识，推进绿色发展已成为实现可持续发展的必由之路。马克思主义强调，人和人类社会只是自然界的一部分，是自然界发展到一定阶段的产物，生态危机表面上是人对自然环境的破坏、对资源的掠夺导致的，实质上是人的异化和人的欲望的无限膨胀造成的。所以说，人性的扭曲是生态危机的本质所在，消除生态危机根本在于从人出发，重新定位人与自然之间的关系。开展生态文明教育，就是要在公众中树立人与自然和谐共生的观念，把生态文明、绿色发展

理念融入社会生活的各个方面，为建设美丽中国、清洁世界凝聚思想共识。[①]

2. 开展生态文明教育是高校内涵式发展的必然要求

高等教育的发展方向要同国家发展的目标紧密联系在一起，为人民服务，为中国共产党治国理政服务，为巩固和发展中国特色社会主义制度服务，为改革开放和社会主义现代化建设服务。生态文明建设作为"五位一体"总体布局的核心内容和重要"一位"，是建设社会主义现代化强国的重要领域。高校作为创新人才培养的重要基地和科技引领的动力源泉，大力开展生态文明教育是高校人才培养的重要内容。要想在新时代推动高等教育实现内涵式发展，高校就要为生态文明建设提供高质量的科技供给，为生态文明的国家治理体系和治理能力提升提供智力支持和参与主体，为全球生态治理贡献智慧和力量。

3. 开展生态文明教育是培养社会主义建设者和接班人的需要

马克思主义认为，人的全面发展必须实现人与自然关系和人与社会关系的双重和谐，生态文明教育既要求实现人与自然之间的和谐，又主张人与人、人与社会之间的和谐，强调人、社会、自然的和谐共生，将满足和实现人的全面发展作为内在要求。高等教育培养德智体美劳全面发展的社会主义建设者和接班人，要求培养的人才不仅要有真学问、真本领，而且要有较高的思想道德文化素质；不仅要具备处理人际关系的良好品格，更要有处理人与自然关系的优秀品质，这其中，具有良好的生态认知水平和理论素养，具备较高的生态文明建设能力，是德智体美劳全面发展的重要标尺。

2019 年 3 月 18 日，习近平总书记在学校思想政治教育理论课教师座谈会的讲话中提出了青年一代要立志成为为中国特色社会主义事业奋斗终生的有用人才的要求。大学生正处于人生的"拔节孕穗期"，作为社会主义事业的建设者和接班人，要"注重以德为先，注重全面发展，注重知行合一"。高校有责任引导和培养其在德、智、体、美、劳等方面共同进步和发展，加强大学生生态文明教育，学生建立生态文明情感，提升生态文明素养，养成良好的生态文明行为，使他们真正成长为新时代中国特色社会主义生态文明建设的重要参与者、贡献者、引领者，进而推动我国的生态文明建设进程。

4. 开展生态文明教育是传承和弘扬中华优秀传统文化的需要

中华民族尊重自然、热爱自然，中华优秀传统文化中蕴含了许多生态智慧和博大精深的生态文明内涵，如道法自然、天人合一的古代哲学思想蕴含的注重维护生态平衡理念，尊时守位、知常达变遵守万事万物运行变化规律的辩证理念，仁民爱物、崇德向善的生态伦理思想，俭约自守、中和泰和的健康生活理念等，都是我国现代生态文明思想的重要来源。高校是推进文化传承、创新发展的重要阵地，理应把中华优秀传统文化中蕴含的生态智慧和理念融入生态文明教育中，为培养具有传统文化素养、生态文明品格、科技创新能力的高水平复合型人才服务。

二、对高校生态文明教育课程体系建设的重要性认识不足

生态文明教育课程体系建设是一项需要教育行政管理部门和高校双方通力合作的系统

[①]　郭晓勇．高校开展生态文明教育的时代价值和实践探索［J］高教研究与评估，2021（9）：40－41.

工程，只有全面凝聚课程体系建设各方主体力量，才能推动其课程体系的建设与完善。通过对高校生态文明教育课程体系建设现存问题的剖析，发现其问题是课程体系建设主体对课程体系建设的重要性认识不足。[①]

1. 教育行政管理部门对生态文明教育课程体系建设的重要性认识不足

教育行政管理部门作为组织领导和管理的直接机构，是高校生态文明教育课程体系建设的风向标、坚实后盾与重要推动力。而当前教育行政管理部门并未就高校生态文明教育课程体系建设出台具有指导性的政策文件，没有组织编写全国高校通用的生态文明教育教材，也没有提出相关正向激励措施。正是由于缺乏具体、有效的引导政策和激励措施，各高校在构建生态文明教育课程体系时没有具体的方案可以参考，只能独自摸索，难以形成合力，课程体系建设也无法全面推进。

2. 高校对生态文明教育课程体系建设的重要性认识不足

通过调研发现，当前大多数高校都比较关注生态文明教育，但对其课程体系建设重视程度明显不足。各高校为在激烈的竞争环境中更加凸显自身的综合实力，往往更重视专业课程的教学与科研的发展，始终没有把生态文明教育课程和专业教育课程置于同等重要地位。在生态文明教育课程体系建设方面投入的人力、物力、财力明显不足。部分高校虽有开设生态文明教育课程，但都是为开设而开设，并未给予足够的重视，缺乏总体规划，导致生态文明教育效果不甚理想。

3. 教育行政管理部门和高校对课程体系建设缺乏顶层设计

生态文明教育课程体系建设既需要对现今已经开展的课程进行重新归类整合以消减在课程内容上简单重叠的课程，也要尝试将新开发的课程纳入已有课程结构以丰富学生的课程选择。如此复杂的一项工程就需要我们运用系统论的方法，站在整体的视角上，统筹规划课程体系建设的各方面、各层次、各要素，但正是由于缺乏这样的顶层设计，使得生态文明教育课程体系建设问题重重。一方面，教育行政管理部门没有规划出一个可参考的、宏观的、系统的生态文明教育课程标准，在操作层面上也没有给高校提供方向上的指引，使得高校难以精准把握课程目标的定位、内容难易程度等，造成生态文明教育课程目标模糊不完整，课程内容零散陈旧，导致高校很难开发出更完善、更系统、更符合社会发展需要的生态文明教育课程。部分高校虽然自行组织修订了学校层面的生态文明课程体系建设方案，围绕学校的学科特色对生态文明教育课程做出了整体规划，但这些方案更多只是由学校的领导班子或有关部门的管理者设计制定的，并未邀请生态文明教育相关领域的专家对方案的制定进行咨询论证，也未能吸收一线教师充分参与到课程体系建设方案的设计和修订过程中，所以方案本身的科学性和合理性有待考量。另一方面，生态文明教育课程教材缺乏统一的编制与修订，导致很多教师缺乏可操作性的生态文明教育内容文本，只能依靠自身有限的知识量储备，借助网络资源和文献资料来搜集和拼凑一些课程内容，以支撑整个生态文明课堂教学过程，但诸如此类的课程内容安排在系统性、连贯性、规范性与创新性上极度欠缺，无法保障生态文明教育能够获得较好的效果，也阻碍了生态文明教育课

① 孟玉新. 我国高校生态文明教育课程体系建设研究［D］. 哈尔滨：东北林业大学，2021：43－45.

程的体系化建设。

4. 课程体系建设缺乏制度和资金保障

生态文明教育课程体系建设不仅需要做好顶层设计工作，而且必须令实施的质量和效益得到可靠的保障。在生态文明教育课程体系建设过程中之所以各种问题层出不穷，很大一部分原因就是缺乏持续性的课程体系建设保障条件。课程是教师与学生之间建立联系的桥梁，通过访谈了解到，当前很多高校的生态文明教育课程是由教师自己进行申报，经学校相关部门审批后开课，而具体课程讲授哪些内容、如何实施、怎样考评等都是教师自己负责。一方面，高校缺乏生态文明教育课程管理制度，学校虽然在生态文明教育课程申报时对其在大方向上进行了把控，但缺乏对生态文明教育课程实施的追踪性、及时性的指导，使得许多教师在具体开展生态文明教育课程时"各自为政"，表露出一定的随意性，导致课程质量参差不齐。另一方面，生态文明教育师资力量薄弱，教师作为课程的直接设计者与实施主体，自身的生态文明素养与知识水平直接关系到生态文明教育课程品质与教学质量。然而，当前大部分学校对教师的生态文明相关培训相对较少，培训效果也有待提升，可操作性较差，生态文明教育方面的教研活动也相对较少，导致一线教师自身的生态理论知识储备不足，对一些生态文明理念处于一知半解、模棱两可的状态，其生态文明教育课程实施效果可想而知。此外，由于缺乏生态文明教育课程体系建设经费的支撑，学校很难经常性地开展教师培训交流、聘请专家对生态文明课程建设进行过指导、参观学习生态文明建设示范县市（基地）等活动，可见，生态文明教育课程体系建设缺乏制度和资金保障。

5. 课程体系建设国内可资经验不足

我国生态文明教育起步相对较晚，而且在过去很长一段时期都处于不被重视的地位，没有上升到应有的高度。作为环境保护教育和可持续发展教育的延续，党的十八大以后，生态文明教育才逐步成为教育关注的重点。因此，在生态文明教育方面，我们可以参考的经验就相对匮乏。而我国将生态文明教育纳入课程的时间相对更晚，1979 年 9 月，我国颁布了新中国成立以来第一部综合性的环境保护基本法——《中华人民共和国环境保护法（试行）》，在该法中提出了教育部门要在大专院校有关科系设置环境保护必修课程或专业，在中小学课程中，要适当编写有关环境保护的内容。2015 年 4 月 25 日，《中共中央 国务院关于加快推进生态文明建设的意见》提出：要积极培育生态文化、生态道德，使生态文明成为社会主流价值观，成为社会主义核心价值观的重要内容；从娃娃和青少年抓起，从家庭、学校教育抓起，引导全社会树立生态文明意识；把生态文明教育作为素质教育的重要内容，纳入国民教育体系和干部教育培训体系。自此之后，我国生态文明教育课程才逐步发展起来，但也并没有面向全体学生或将其列入全部学科的必修课范畴，更没有把对大学生生态文明素质的衡量纳入综合素质考评体系。而且，任何事物发展的过程都是兼具前进性和曲折性的，生态文明教育课程体系建设作为刚刚兴起的新事物，正处于发展的初级阶段。虽然，当前我国一些农林院校，依靠其自身的学科优势纷纷开设了生态文明教育系列课程，也在课程体系建设方面进行积极的尝试与探索。但也仍然存在部分高校，尤其是一些理工类院校，还尚未把生态文明教育内容构建到已有的课程体系当中，也很少能够将生态文明理念通过课程的方式贯穿到日常的课堂教学中。

第四章　国外高校生态文明教育做法与启示

二十世纪六七十年代，生态环境问题在一些西方发达国家中逐渐成为一个敏感而重要的问题，生态教育工作便随之产生并迅速发展。西方发达国家的高校生态教育几乎都早于我国，尤其是美国、日本、瑞典、德国和加拿大等国家在高校生态教育方面积累了丰富的经验，形成了比较完善的高校生态教育体系。对这些国家高校生态教育的经验和特点进行分析，总结和梳理出可供我国高校学习和借鉴的方法，对推动我国高校生态教育的发展具有重要意义。

第一节　国外高校生态文明教育的做法

目前国外还没有生态文明的提法，但是国外的环境教育早于我国，为我国开展生态教育提供重要借鉴。"环境教育"产生于二十世纪六七十年代的生态环境复兴运动。① 随着环境问题日渐凸显，人们对居住环境的要求也逐渐提升，大部分国家开始重视环境保护并开展环境教育，其中一些国家形成了独特的方法和手段，环境教育取得显著成效。国外环境教育具有目标系统化、法制化、主体多元化、形式多样化并且重视实践教学等特点，为我国高校生态教育提供重要借鉴。

一、北美高校生态教育概览

2018 年北美在美国斯波坎召开了第 47 届北美环境教育年会，会议汇集了世界各地的生态环保专家和学者。几十年以来，北美地区在生态教育方面一直扮演着引领者的角色，在生态教育立法、生态教育课程设置和环境非政府组织等方面积累了丰富的经验，特别是美国和加拿大的高校生态教育工作非常成熟，已经形成了完善的生态教育体系。

1. 生态教育立法

法律法规是推动社会改革与进步的重要力量，生态教育立法对高校生态教育的发展具有重要意义。北美地区的美国是最先开始进行生态教育立法的国家，法律的制定和实施为高校生态教育工作的开展提供依据和保障，对北美地区高校生态教育的发展起到了重要的推动作用，其立法的经验也为其他国家制定生态教育法律提供了借鉴。

---

① 艾沃·F. 古德森. 环境教育的诞生［M］. 贺晓星，仲鑫，译. 上海：华东师范大学出版社，2001：13.

20 世纪 60 年代，在美国海洋生物学家蕾切尔·卡森的著作《寂静的春天》的问世下，美国爆发了大规模的群众性环保运动，社会各界的人士积极投身运动当中，唤醒了美国民众对生态环境问题的重视。1970 年，美国国会审议通过了第一部环境教育法律《环境教育法》，美国成为第一个对生态教育进行立法的国家。该法律明确了生态教育的重要性，对生态教育的教育主体、教育内容和教育方式等方面做出具体的规定。随着国家和社会的发展，美国对环境教育法不断进行修改，1990 年美国国会通过了《国家环境教育法》，该法律对生态教育的教育机构设置及其职责和生态教育的资金来源等各项工作进行了更详细的规定，推动美国的生态教育进入了新的发展阶段。

在北美地区，除了国家会制定国家层面的生态教育法律，国家下面的一些州也会根据本地区的具体情况制定和颁布本地区的生态教育法律法规。地方性的法律法规相对于国家的法律法规更能够彰显地方的特色，更符合当地的生态环境情况，对所属地区的生态教育工作产生了重要的推动作用。在国家生态教育法律和地区性生态教育法律的联合作用下，北美的生态教育工作成绩显著，生态教育事业得到快速的发展。

2. 丰富的环境教育课程和培训项目

北美地区的高校在生态教育上有一个重要的特点，那就是都十分重视学校生态教育的多元性，课程的内容和课程的设置比较丰富，课堂教育和非课堂教育的结合以及专业性教育和普及性教育的结合都比较强。此外，针对高校生态教育教师的培训制度也比较成熟。

在生态课堂教育方面，北美的高校开设了环境哲学、环境科学和环境伦理等与生态环境相关的多门课程，课程采用了必修课、选修课和学者讲座等多种教学形式。美国明德学院是第一个开设本科环境教育课程的高校。[①] 截至 1996 年，美国有近五百所高校开设了环境教育本科专业。特别是在非生态环境学科的专业课程中，教学过程十分注重生态知识的渗透，引导学生将专业知识与生态知识有机结合，提高大学生的整体生态意识水平。在非课堂生态教育方面，北美各国的高校积极探索进行生态教育的实践形式，使非课堂生态教育的形式多样化。比如美国的野外环境教育中心、社区环境服务活动和野生自然保护区教学等生态实践式的教育形式，以及加拿大的志愿者实践活动，加拿大规定学生必须通过生态教育课程和生态环保志愿者活动才可以毕业。北美这种将课堂生态教育和非课堂生态教育进行紧密结合的课程设置模式，有效推动了北美高校生态教育的发展。

从事高校生态教育工作的教师只有不断提高自身的能力，才能更好地传授学生生态知识，增强学生的生态意识。因此，加拿大规定高校的老师要定期接受生态培训，提高自身的生态水平和指导学生参与生态课程以及教学创新研究的能力，以此来保障高校生态教育的质量和成效。北美的教师生态培训制度经过多年的发展已经成熟，培训经费由国家财政进行拨款，资金管理制度和培训评价体系都比较完善，生态培训的具体项目和培训计划会依据学生具体的生态意识情况和生态教育存在的问题不断更新。北美教师生态培训制度的制定和完善同样是北美高校生态教育发展的重要推动力之一。

---

① Benjamin H Strauss. Environmental Education, Practices, and Activism on Campus [M]. New York: Nathan Cummings Foundation, 1996: 107.

3. 环境类非政府组织的广泛参与

自二十世纪七十年代以来，非政府组织在国际事务和社会发展等方面的影响力不断增加，在各个领域发挥的作用也获得了一定的认可。随着北美地区环境类非政府组织规模的扩大和组织运营机制的不断成熟，环境类非政府组织在生态环境保护和生态建设方面发挥着越来越重要的作用，也推动了北美高校生态教育的发展。

美国的环境类非政府组织是生态教育的主要推动力量，主导了美国高校生态教育的发展进程。美国有众多的环境类非政府组织参与到生态教育事业之中，其中最具有影响力的就是在 1971 成立的北美环境教育协会，协会的成员来自美国、加拿大和墨西哥等多个国家，职业包含学校教师、教育方面的政府官员、自然博物馆工作人员和生态自然保护组织成员等各个方面。① 北美环境教育协会在 1993 年开发了《国家环境教育卓越计划》，对生态教育目的和内容以及生态教育的教材和教育者等内容提出了建议，成了北美生态教育工作的指南。

二十世纪七八十年代开始，墨西哥和加拿大的环境类非政府组织也获得了快速的发展。随着环境类非政府组织规模的不断扩大，加拿大对环境类非政府组织的成立、运营和管理等方面的内容进行了专项立法，规范环境类非政府组织的运行，推动了组织效率的提升。这些举措使墨西哥和加拿大的环境类非政府组织对环境保护工作和生态教育事业的发展起到了重要的作用。在环境类非政府组织的推动下，生态环境保护已成为加拿大和墨西哥社会各界的共识，民众热心参与环境保护的公益活动。

二、日本高校生态教育发展措施概况

日本在第二次世界大战后经济迅速发展，但各种污染和公害病泛滥成灾，使日本民众付出了极其沉痛的代价。1956 年，日本经历了由于工业废水排放污染引起的水俣病事件。随后不久，日本在 1961 年又经历了四日市事件。这两次重大环境污染事件让日本吸取了深刻的教训，国家加大了对生态环境治理和保护的重视程度。经过五十多年的发展，日本国内已经形成了浓厚的生态环保氛围，民众的生态意识和生态行为能力得到大幅度的提升，日本高校生态教育的教育体系也日趋成熟。

日本关于学校环境教育的指导目标：一是让学生关注环境问题；二是让学生尽可能多地接触自然环境；三是让学生学习生态环境方面的知识，并掌握相应的技能；四是进行消费观引导，帮助学生树立生态消费观；五是利用周围的环境来教育学生。② 日本开展环境教育按照学生成长阶段来划分，针对各个阶段学生的特点、接受知识的能力不同，有针对性地开展环境教育，并将其作为基本国策，列为学生的必修课，体现出日本高度重视学校的环境教育。

1. 构建生态文化体系

日本的生态文化源于日本独特的地理环境。日本是一个岛国，四面环海，虽然景色优

---

① 中国驻美国洛杉矶总领馆教育组. 美国教育体系中的环境教育 [J]. 基础教育参考，2015（13）：72 – 75.

② 环境保护指导资料（小学编）[R]. 日本：国立教育政策研究教育课程研究中心，2007.

美，但岛上火山、海啸和地震等灾害频发，特别是地震的周期性爆发使日本民众将对自然的敬畏融入日本民众的思想之中。日本的国土面积较小，国家的资源存储量少，导致日本缺乏大量资源，让日本民众在节约自然资源方面达成普遍共识。随着国家和社会的发展，民众的生态思想慢慢融入国家的文化，在绘画、文学创作和影视作品中体现出来。日本开始推行生态教育时，便充分挖掘国家的传统生态文化理念，将生态文化融入生态教育之中。日本通过营造浓厚的生态文化氛围来推进生态教育，使生态教育工作获得民众的广泛认可。

生态文化已经得到了日本民众的普遍认可，但民众在生态实践方面存在不足。怎样将生态文化内化到民众自身的行动中，成为日本解决生态环境问题的难题。面对这个问题，日本的学者提出要构建生态文化体系，将日本的传统生态文化和宗教神学中对自然尊崇的思想作为生态文化体系的重要基础。日本生态文化体系的构建从加强观念引导、扩大知识供给、增强社会参与和制度保障支撑等角度同时进行。在观念引导上通过各种形式大力宣传生态文化理念，充分发挥传统生态文化的作用；在知识供给上重视生态知识教育，指导学生掌握生态环境知识和生态系统运行原理；在社会参与上建立生态环境问题交流平台，引导民众参与生态问题讨论，增强对生态文化的认同感。在制度保障上，国家的制度体系生态化，用政策措施规范公民的生态行为。

随着全球生态危机的蔓延和日本社会各界在生态环境问题保护方面的共同努力，日本的生态文化体系也已经初步形成，并在不断完善。高校生态教育是日本构建生态文化体系的重要组成部分，日本的生态文化体系又为日本高校生态教育工作创造了良好的社会条件，推动高校生态教育持续发展。

2. 生态教育的支持系统

日本的高校生态教育工作自 20 世纪 70 年代开始开展以来，一直十分注重与社会的的合作。经过四十多年的发展，至今已经形成了较为成熟的高校生态教育支持系统。日本的高校生态教育支持系统主要由学校、社区、企业、政府和民间组织共同构成。

二十世纪七十年代，日本就把生态教育纳入学校教育，学校成为日本生态教育的基础力量。学校各个教育阶段都注重培养学生的生态观念和生态行为能力。尤其是高等教育阶段，日本很多高校都开设了进行生态研究的研究所，更注重培养学生在生态方面的专业性。日本政府非常重视生态环境保护和生态教育工作，日本的各级地方政府都设有比较完整的环境保护机构。[①] 多年来，政府通过制定政策、法规和制度等方式向民众传播生态环境保护理念，为生态教育提供制度和法律保障。社区、企业和民间组织也是日本生态教育支持体系的重要组成部分，特别是有活力、有创造力、有资金的企业，作为生态产品研究的主要机构，为生态实践教育提供了重要的教育平台。日本有很多社区也设有对社区民众进行生态教育的教育中心，为日本民众生态水平的提高发挥了重要作用。

日本文明教育支持系统的各个组成部分不是独立开展生态教育工作的，教育系统的组成部分之间是互相弥补不足，互相合作，共同推进生态教育事业的发展，特别是学校与企

---

① 李金龙，胡均民. 西方国家生态环境管理大部制改革及对我国的启示 [J]. 中国行政管理，2013（05）：91-95.

业在学校生态教育上的合作十分频繁。一个比较典型的例子就是日本最大的自然学校集团——大地之子自然学校集团，它是企业和学校生态教育深度结合的产物。大地之子自然学校集团旗下有 20 多所自然学校，集团每年接待的学校团体就超过 1000 所，大力推动了日本生态教育事业的发展。

3. 生态教育基地建设

日本是最早进行生态教育基地建设的国家之一，也是生态教育基地建设最好的国家之一。生态教育基地是具有特色的生态景观或生态教育资源，是向民众进行生态知识、生态文化、生态理念等内容的讲解和展示，让民众在生态环境中学习生态内容，具有显著的生态教育功能的场所。生态教育基地为公众提供走进生态环境的机会，基地通过让参观者自身融入生态环境，并参与基地的各种生态实践活动来感悟生态环境的美好，学习生态知识，提高生态参与能力，是生态环境保护事业的重要推动者和生态教育工作的重要参与者。

20 世纪 90 年代，日本政府就对生态露营地等生态体验设施进行规划，为生态教育基地的建设提供经费。到 2003 年 7 月，日本政府制定并颁布的《增进环保热情及推进环境教育法》规定国家的各级政府应负责建立生态教育基地，并鼓励民众、民间组织和企业生态教育基地建设。日本目前有 5000 多个不同类型不同规模的生态教育基地，每个生态教育基地的特色和运营理念都不同。比如日本北九州环境博物馆是公害博物馆，展现的是日本的污染治理和公害防治，而兵库环境创造协会的兵库环保工厂的运营理念则是防止地球温暖化和推进地球生物多样性。[①] 日本政府对不同类型生态教育基地和生态教育所属的组织在资金、资源和政策上的大力支持，这是日本生态教育基地蓬勃发展的重要原因。

日本生态教育基地在设计和管理运作方面的经验也十分成熟。在基地的设计上，基地设施的建设基本采取的是可接触可参与的方式，注重体验式的教学，而不是传统的参观式教学，让参与者通过切实体验和感受加深对生态环境问题的认识，将生态知识和生态观念转化为生态行动，形成生态责任感。在基地的管理运作上，日本生态教育基地坚持基地、政府、学校、企业和民众共同参与的理念，从基地建设到基地运行的每个方面都调动各方的积极性，进行多方的交流和信息交换，保证公众的参与度。日本生态教育基地的管理运作还有一个重要特点就是志愿者的参与和培养，志愿者主要是对生态教育工作有兴趣的高校大学生，他们进入基地接受一定的培训后，会在基地进行讲解和教育引导工作，这些志愿者是各个生态教育基地和生态环保组织的重要人才储备力量。

日本生态教育基地是生态教育的重要力量，是政府和学校生态教育的重要补充，也是高校生态教育的重要实践场所。日本生态教育基地在基础设施建设、生态实践活动和志愿者培养方面较为成熟。数量庞大的生态教育基地为日本生态教育创造了良好的生态环保氛围，也为学校、企业、政府和民众提供了学习生态环境知识的场所，为生态环境问题交流提供了重要平台。

---

① 栾彩霞 . 环境教育的推力和依托——从环境教育基地探索日本环境教育 ［J］. 环境教育，2013（06）：59 - 62.

三、瑞典高校生态教育内容概述

瑞典是一个绿色福利国家，是各个国家学习的对象。[①] 究其原因，瑞典高校生态教育事业的作用是无疑的。30 多年来，瑞典的生态环境保护和高校生态教育工作一直处于世界领先行列，成为许多国家进行生态考察学习的重点对象。瑞典高校生态教育的发展与瑞典的政府、学校以及社会各界人士的共同努力是分不开的。

1. 推进可持续发展战略

瑞典是"可持续发展理念"的发源地。瑞典具有极高的森林覆盖率，环境优美而宁静，是欧洲空气质量最好的国家，但在第一次工业革命时期以及十九世纪六七十年代，瑞典的生态环境也遭到了破坏，如汞污染、水污染和烟雾污染等。1972 年，瑞典在首都斯德哥尔摩承办了联合国"国际人类环境会议"，为了治理和保护生态环境，促进世界的持续发展，瑞典等国家在这次研讨会上提出了"可持续发展"理念，可持续发展的原则是实现代际公平，即当代人既要满足自己利益和需求，又要考虑到后代人的利益和需求，要为后代节约资源。会议后，瑞典一直积极倡导可持续发展理念。到二十世纪九十年代，瑞典已经把可持续发展作为国家重大发展战略和国家政府内政外交的重要目标。

为贯彻可持续发展战略，瑞典政府从各种角度对可持续发展工作提供指导和支持。瑞典的国家政策和各级政府颁布的规定都十分注重社会经济发展和生态环境之间的稳定与和谐，国家和地方都大力宣传生态理念，潜移默化地引导民众形成生态观念。瑞典的教育课程文件对生态教育在教育中的重要性和生态教育的方针原则都进行了明确规定，全面指导学校的生态教育工作。瑞典国内的生态教育组织和环保组织同样得到政府的大力支持，并与政府合作开展了生态教育计划，共同推进可持续发展战略的实施。

随着可持续发展战略的实施和贯彻，瑞典既实现了国家经济的快速发展，又保证了国家的生态环境质量，实现了经济与环境的和谐发展。2018 年初，联合国可持续发展解决方案中心和贝塔斯曼基金会联合发布了《2018 年可持续发展目标指数报告》，报告中指出，瑞典 2018 年可持续发展目标总指数为 85，继续保持世界第一，超出同地区平均指数的 10.5%，国家制定的可持续发展目标已经提前 12 年实现。

2. 贯彻绿色校园政策

学校是国家和民族发展的根本，也是国家重要的名片和文化代言。学校的形象相当于国家的"华表"，是国家文化的一种重要标志。因此，绿色校园是国家可持续发展的先行军，绿色国家和绿色城市的建设应从绿色校园开始。早在 1997 年，瑞典政府就指出要将瑞典的大部分学校建成环保学校，瑞典国家教育局制定出了瑞典"环境学校"的特点和建设指标。1998 年，瑞典国家教育局发布了《瑞典绿色学校奖指导手册》，指导手册对绿色学校的创建、内容、执行、使用和评价进行了规定和指导，促使瑞典建成了大批的绿色学校。目前绿色校园已经成为瑞典生态教育的重要特色，国内绿色校园的数量已经达到了1000 多所，瑞典的绿色校园建设取得了令全世界瞩目的成绩。

---

① 冯娜，李风华 . 瑞典绿色发展政策的高效运行之道探究［J］. 绿色科技，2016（22）：166 – 170.

绿色校园是指将国家可持续发展战略融入学校教育过程中，在学校的日常管理中纳入生态环保理念，并对教育和管理活动进行不断地改造和完善，充分利用一切条件和资源为提高学校全体师生的生态素养服务的学校。瑞典为了加大国家绿色校园建设的力度，于1998年又颁布了《绿色学校奖条例》，条例规定在生态环境领域做出重要贡献的学校可以获得绿色学校奖，这个奖项的设立在世界范围内都是极少的。由政府设立的绿色学校奖对瑞典的绿色校园建设提供了强有力的支撑，瑞典的高校积极参与到绿色校园建设中来，绿色校园建设的氛围和动力都大大加强，瑞典学术界对绿色校园建设的理论研究和实践研究也在不断深入，推动了瑞典绿色校园建设进入井喷式发展的时期。

瑞典绿色校园的建立和发展是基于"欧洲生态学校计划"。1994年，欧洲环境教育基金提出了以促进学校生态教育为活动目标的"欧洲生态学校计划"，欧洲的法国、德国、瑞典、西班牙、意大利等20多个国家都参与进来。随着"欧洲生态学校计划"在欧洲范围内大力发展所取得的重要成就，"欧洲生态学校计划"正在朝着国际性计划迈进。瑞典作为"欧洲生态学校计划"的主力国家和绿色校园建设事业上的先驱，积极参与到推动世界绿色校园建设的行动之中。瑞典在开展绿色校园建设以来，多次接受世界各国政府和高校的生态教育参观考察活动，并承办了全球环境与可持续发展大学联盟会议和世界环境教育大会。瑞典的绿色校园政策不仅是促进了国内的生态教育事业的发展，对世界各国的生态教育工作都具有一定的推动意义。

3. 开展生态教育国际合作

高等教育的职能随着社会的发展不断扩展，紧跟时代的步伐成为高校教育的永恒主题。高等教育中的国际交流与合作是高校进行教育合作的重要形式，加强国际交流与合作是高校教育发展的重要途径。目前，世界范围内各个国家高校之间交流频繁，高校国际之间的交流和合作程度日益加深。在生态教育领域，瑞典一直在国际交流与合作中发挥着不可忽视的作用。瑞典在生态教育领域的国际交流起于20世纪80年代，1987年，在西方环境运动开始后不久，瑞典就开始积极参与生态环境保护和生态教育的国际讨论，与其他国家就生态环境保护和生态教育方面的规划工作进行探讨。

瑞典作为生态环境保护和生态教育工作的重要引领者之一，积极主办和承办世界或区域级的生态环境工作交流会议和学术交流活动。比如，2003年瑞典的隆德大学和环保部门共同开展了国际合作远程环境教育项目，该项目被命名为小硕士项目计划，项目的活动对象是世界各国的高校大学生。该项目进行的主要程序是多国的学生同时参与课程，学习生态知识，结合所学知识进行生态项目研究，并将生态活动和项目的研究成果进行展示和交流。该项目每期的时间大概是四个月，参与此项目的众多学生对项目的实施效果评价较好，认为学习和研究活动在很大程度上提高了自身的生态知识水平和生态实践能力。

随着生态环境问题的日益严重，世界各国逐渐开始关注生态环境保护问题，意识到生态教育的重要性，但很多国家开展生态教育工作的时间较短，缺乏相关的经验，问题众多。针对这种现象，瑞典组织了众多面向这些国家的生态教育培训活动。比如，瑞典国际开发合作署开展的生态教育国际培训活动，为世界各国高校的生态教育工作提供教育指导和教育培训，培训项目依据各国高校生态教育的不同情况制定，旨在提高受培训者在生态教育知识体系，生态教育课程开发和生态教育的课程教学等多个方面的能力。

四、德国高校生态教育实践

经历第二次世界大战后，德国将恢复和发展工业作为本国经济发展的重中之重。20世纪70年代初期，深受环境灾难之苦的民众意识到环境保护的重要性。只有在全国范围内开展生态保护活动，才能改变当初一味发展经济而不顾环境保护所造成的恶劣影响，全国范围的环保活动随之开展并迅速扩大。

1. 德国以渗透式的环境教育为主要特征的环境教育

世界环境与发展委员会于1987年通过的《我们共同的未来》以"持续发展"为基本纲领，纲领用有力的资料指出了当今世界在环保方面存在的诸多尖锐问题，并在提出问题的基础上提供了可操作的实践性指导意见。德国也以此为契机调整了其环境教育观，环境教育被德国政府认为是在培养环境保护意识的基础上，树立正确的价值观并影响日常生活行为的教育，而不仅仅是学科教学。因此，德国转变以往的单一式环境教育理念，开展渗透式环境教育，将环境教育与其他课程相结合，以达到环境教育的预期目标。同时，在大自然中通过开展社会实践活动对儿童进行环境教育被认为是目前最成功的一种环境教育方式。课堂教学是向学生传授系统科学文化知识的重要途径，通过课堂教学渗透环境教育是不可缺少的重要环节，学生课堂教学所掌握的知识也有必要通过实践运用来夯实。因此，德国中小学通过开展各种生动有趣的户外实践活动来丰富环境教育的内容。

2. 生态性学校的建立为环境教育的开展营造了良好氛围

如同我国常规校园建设一样，国外许多学校都曾将水泥路和塑胶场地作为学校建设的常规规划。为遵循学生的身心发展规律展开教学，并为学生建立良好的学习生活环境，德国当地环保组织建议开展生态校园建设，旨在让学生通过在生态学校中的学习成长，让他们更直观地感受大自然的美，陶冶情操的同时认识到保护自然、爱护自然的重要性。为了增强学生环保责任感，让学生亲身体验环保的重要性，德国开展了轮流值班活动。如监督教室开关灯时间，卫生间水龙头关闭情况及漏水检查，地面卫生抽查，学校绿化带保护情况等，增强了学生环境保护体验。正是这种终身式的环保教育，使学生从多种渠道、各个层次受到良好的环境教育，让学生拥有清晰的环保意识和明确的环保观念。

第二节　国外高校生态文明教育的启示

"它山之石，可以攻玉"，通过以上对在高校生态教育领域具有引领性地位的北美、日本、瑞典和德国在高校生态教育方面经验的梳理，我们看到国际社会在高校生态教育领域的成熟经验给我国的高校生态文明教育工作带来了重要的启发意义。

一、完善高校生态文明教育政策法规

立法是实现政策具体化、制度化、常态化的最佳途径。北美地区的生态教育法对北美高校生态教育事业的快速发展起到了重要作用。我国环境法体系雏形基本形成，但在高校生态文明教育方面的法规仍处于空白状态。因此，我们应该根据我国实际情况的需要，学习西方国家的生态教育立法经验，对我国高校生态文明教育工作进行专项立法，为我国高校生态文明教育事业的发展提供法律保障，实现通过法律和道德相结合的方式来加快高校生态文明教育进程的目标。

我国是一个幅员辽阔的国家，在高校生态文明教育领域必然会存在各个地区的高校生态文明教育水平不同步的情况，这种现象会对全国性高校生态文明教育政策法规的制定工作造成一定的阻碍。因此，在高校生态文明教育政策法规的制定上，我们可以学习和借鉴北美地区的一些州和省市制定区域生态教育法律法规的做法，在不同宪法、法律、行政法规相抵触的前提下，由具有地方立法权的地方人大及其常委会制订和完善地方高校生态文明教育政策法规，对本地区的生态文明教育工作做出规划和指导，推动地区高校生态文明教育的发展，从而为我国高校生态文明教育法的制定奠定基础。

目前，我国只有在《环境保护法》中对环境教育的受教育群体做了明确的细化，但对于生态文明教育的内容、教育原则、教育规范、教育手段等一系列问题都没有立法的支撑和制度的保障。大学生生态文明教育同样受用生态教育的立法，需要制度和法律的保驾护航。国家针对生态文明教育的立法上有空缺，应当对受教育者从年龄、地区、行业等方面进行细致划分，要求生态文明教育是全面的和完整的，从而进一步规定对不同的受教育者要实施分别教学，做到全面有效施教，不让任何一个受教育者掉队。尤其是针对大学生这一重要的受教群体，要规范出完备的生态文明教育体系规定。国家立法还应加强生态文明教育的监管措施，进行分区域或分级的管理方式，不仅可以对生态文明教育遇到的问题进行有效汇报并得到及时解决，也可以照顾到每一处的生态文明教育情况并对其严加管理。明确生态文明教育的奖惩制度，更有利于生态文明教育的规范化。在教育手段方面做出原则性的规定，这些原则性规定必定是能够提高生态文明教育实效的合理性规定，例如将生态文明理论的学习与实践结合的原则性规定。

二、丰富高校生态文明教育途径

北美地区的野外环境教育中心、社区环境服务活动、野生自然保护区教学和志愿者实践活动以及日本的公害博物馆、兵库环保工厂、生态露营等将课堂生态教育和非课堂生态教育进行紧密结合的生态实践式教育，有效推动了高校生态教育的发展。当前，我国一些高校的生态教育途径主要是课堂知识教学或举办生态环境知识讲座等形式，这些传统的课程和活动对大学生缺乏吸引力，活动也缺乏持续性，最终生态教育达到的效果并不理想。

生态文明教育不是单纯的知识教育，更多的是道德情感和行为教育，因此，我国的高校生态文明教育工作要积极学习和借鉴美国、日本等国家的生态教育课程设置模式，采取多样化的高校生态教育途径和教育形式，在教育过程中注重理论性与实践性相结合，促进大学生将生态理论知识融入生态实践过程之中，养成生态行为习惯，提高生态综合素养。

1. 强化生态文明道德规范

高校作为大学生知识获取和大学期间习惯养成的主阵地，应当在学校的规章制度乃至宣传标语中将生态文明道德内容融入进去。要大学生在日常生活中能够主动遵守生态文明道德规范。这样一来，大学生在学校学习生活期间严格遵守生态文明道德规范做事也促进了校园生态普遍化，生态教育常态化。高校制定的关于校园生态文明规章制度应包括保护环境、节约资源、合理消费、尊重自然等。在规范校园制度的同时，再以教育结合升华，便可以从根本上使大学生在日常生活中自觉遵守生态文明道德规范。一旦大学生开始审视自身并且能够以严格的生态文明道德标准要求自己，与此同时大学生也能做到纠正规范身边人的生态文明行为，这也提升了大学生对保护环境的理解。

大学生不仅是教育客体，同时也是自我教育的教育主体。学生不仅需要通过外界的人和环境进行生态知识和理念的输入，同样需要大学生在生态文明教育中发挥出自己的教育主动性。大学生受各种因素的影响在平时常常不注意自己的生态行为，例如一些大学生吸烟却乱扔烟头、没有随手关灯和节约用水的习惯、浪费粮食、过度消费等行为。大学生的生活和消费习惯都存在严重的问题，这违背了大学生生态文明教育要求大学生履行的生态行为规范。针对大学生的生活方式，应教导大学生将节约资源、减少污染的理念渗透进自身的生活方式中，大学生的生活行为尽量节约最大化、污染最小化。例如，大学生出行可以优先选择骑行、地铁、步行等方式，尽量减少使用一次性餐具。大学生在日常生活中更需要严格的自我生态文明教育，实现生态文明自律。将所学的知识真正地运用到现实生活中去，经过自我实践教育的生态文明知识更容易在大学生的头脑和行为中形成记忆。这样一来，无论在何时、面对什么样的情况，都能够凭着日常生态习惯正确处理好问题。

2. 创建生态文明教育基地

创建生态文明教育基地有利于开展生态文明活动，也有利于推进生态教育的顺利进行。在生态文明教育基地，可以使大学生直观地感受大自然、触摸大自然、理解大自然，从中感悟生态文明的意蕴，逐步内化为大学生的生态文明价值理念，唤醒大学生关爱生态的意识与责任，继而在生活中转变为生态文明行为。因此，高校应该建立生态文明教育基地，通过体验式教学方法，让大学生在参与活动的过程中感受生态文明的魅力，主动参与到生态文明建设中。

高校生态文明教育基地可以设立不同空间，让学生真实地感受生态文明，参与生态文明。首先，设立种植空间。在这个空间大学生可以种植自己喜爱的树木，但种植树木需要大学生通过走路、坐公交、骑自行车等环保出行方式收集能量，以集满种植树木所需要的能量兑换种植资格证书。例如，种植红柳需要集满 2400 克能量，种植沙柳需要集满 1680 克能量、种植松树需要集满 2680g 能量。所以，大学生想种植树木，就需要通过绿色出行、绿色购物等方式获取能量，获得种树证书以后，大学生就可以在学校的生态文明实践基地种植专属于自己的树苗并进行浇水、施肥等照料工作，呵护树苗的苗壮成长，树木苗壮成长后还会以种植人的名字命名。总之，这一空间鼓励大学生绿色出行、绿色购物，并且使大学生在种植、呵护树苗的过程中体验快乐，从而吸引大学生加入生态文明建设，感受其中的快乐与幸福。其次，设立节约空间。在这个空间让大学生真实地感受到节约一滴水、一度电、一张纸的价值。比如，大学生通过开关水龙头，真实地看到自己所浪费的一滴水与节约的一滴水的不同去向与结果，让大学生真实地感受到、看到自己所浪费一滴水的危害是真实存在的，并不是无意义之举以及节约的这一滴水在不同地方的用途和价值。总之，通过节约一滴水、一度电、一张纸的真实体验，让大学生认识到微小举动所蕴含的巨大能量，微小举动也是生态文明建设的意义所在，从而在日常生活中自觉养成节约资源的习惯。最后，设立美丽空间。在这个空间，大学生可以借助 9D 网络技术 360 度旋转领略世界各国的美丽，使大学生在这个过程中看到世界各地的美丽大自然，在广袤无垠的疆域中遨游，领略不同国家、不同地区、不同视角的美丽环境，从而让大学生萌发对美丽环境的向往之情。总之，通过美丽空间的感染，借此培育大学生从细小之处建设美丽环境，在日常生活中把自己所处的宿舍、教室、学校打造成美丽空间，逐步带动建设学校、社会、国家的美丽环境。此外，高校可以借助生态文明教育基地的特色，把该地打造成旅游胜地，吸引更多的大学生前来参观，并通过生态文明教育基地的特色感染更多的大学生认识生态文明建设，加入生态文明建设的队伍中。

3. 注重生态文明实践活动

（1）加强大学生生态文明生活实践活动

在校大学生基本生活规律都是三点一线，寝室——教室——食堂，这三个场所与每一个大学生的日常生活都紧密相连。大学生生态文明教育应该与大学生寝室生活文化、教室环境文化、食堂餐饮文化结合起来，开创日常生活生态化的路径。首先，大学寝室中可以通过安全管理委员会等宿舍管理部门开展寝室生态文化周活动，改变以往以装扮寝室氛围、丰富课余活动的方式，将生态行为的方式加进去，如节约用水用电、维持寝室环境、垃圾分类处理、废物有效利用等方式方法，最后用评比的方式将做法最佳的宿舍在全校树立典型，供大家学习。其次，在教室自习的过程中，倡导大家不要将生活垃圾留在教室中，并能够自觉清理教室的环境，保持教室中干净整洁的学习氛围，并可以组织学生开展"生态教室"评比的活动，精心摆设一些花草，在教室中普及生态文明知识，让每一个在教室中学习的学生感受到生态的学习环境，在最后环节评比出"最生态教室"，在学校中推广，让学生在学习的过程中更注重自身的生态行为。最后，在食堂中的餐桌、餐具、窗口都以标语的形式倡导"光盘行动"，杜绝铺张浪费行为，开展"粮食节约日"等行动，让大学生在参与的过程中养成良好的生态意识，摒弃糟糕的浪费习惯。通过这些日常生活中的生态文明实践活动让生态文明的理念扎根，生态文明行为落地，这些都有助于高校深入改革大学生生态教育。

（2）创新大学生生态文明社会实践活动

当前，高校开展了种类繁多的社会服务活动以及"三下乡"社会实践等活动，成为大学生与社会接触的主要渠道。学生在社会实践活动中充分运用自身所学知识与技能，发挥自身主观能动性，更能够加强生态教育的社会性。大学生生态教育不只是解决"知"的问题，更要将"属人的自然"思想向"人类是自然的一部分"思想的蜕化，完成"知"转化为"行"，实现"内化"向"外化"的转变。而高校的实践教育活动中的主题社会实践服务受到师生广泛欢迎，因此，在社会实践活动中不断创新，开发更多的生态实践活动，让大学生在实践的过程中，完成思想与行动的统一，形成坚定的生态思想信念与生态行动理念。

首先，高校可以通过组织大学生利用假期时间开展生态环境知识、生态保护科学、生态法律宣传活动以及与社区合作创建生态社区等公益社会活动，在城市中调查城市工业污染、大气污染、废料污染等现象，在农村中调查生态环境现状、农耕土壤现状、饮用水源污染、生产资源污染等状况，不仅使大学生了解社会环境问题的情况，还能着手研究解决对策。其次，高校可以组织大学生参观生态示范保护区、自然风景区、荒芜之地与生态基地，使大学生在参观的过程中意识到自己在自然中的主体地位，生出对自然的敬畏之情以及与自然和谐发展的意识，深刻意识到走生态文明道路的重要性。最后，在"三下乡"社会实践活动的基础上开展生态文明专项活动，着手研究生态环境的变化与解决生态环境问题的研究方法。通过开展上述活动，增强大学生社会责任感与生态道德感，树立大学生顺应自然、保护自然、尊重自然、尊重生命的生态意识，还能向政府机构提出解决生态环境问题的建议，这必将有利于推进我国生态文明的建设和可持续发展。

（3）丰富大学生生态文明第二课堂活动

大学生具有极强的创造能力，高校应该给予他们充分展现自己的平台，支持和定期组织开展形式多样、内容丰富的校园文化活动，激发他们的兴趣和创新创造能力，为其提供发挥聪明才智的场所和机会，使之成为生态文明培育的活动主体。第一，定期开展生态文明建设的相关活动，如"寻找校园生态文明建设榜样"，在学生群体中大力宣传学习，进行生态文明示范传递；开展环境保护知识竞赛，使学生对当前我国的生态环境问题和相关政策举措加以了解；鼓励学生参与"挑战杯""互联网＋"大赛等系列校园活动，利用自己学科优势、专业特色并结合自身的兴趣爱好，探索资源的节约与循环利用，促进资源利用方式的根本改变；研究循环经济发展，探索环境保护和污染控制的新措施。鼓励学生把所学知识运用到环境保护和生态建设中；重视各个节日的仪式感，在植树节组织学生参加植树造林活动，让他们亲近大自然，增进对自然情感，亲身体会环保的重要性；在六五环境日，进行环境保护知识大力宣传；有条件的学校可以组织大学生观摩法院审判，让他们了解到破坏生态环境的严重后果，也学习了解相关法律，从而能够带头严格遵守法律底线。第二，创建环境保护协会，确保大学生生态文明教育的规范性和常态性，加强校园生态环境监管。学习有关部门制定可行的生态环保工作思路和目标，形成一套完整的生态文明人才培养方案，进而创建一个完整的、科学的、具有明确实践要求的环保协会。根据新时代提出的新要求，鼓励协会成员依据自身性格爱好和专业特长开展实践活动，把环境保护与生态建设思路和美丽中国建设总目标相结合，为生态文明教育提供政治引导、实践场所和文化产品。鼓励协会积极与企业合作，定期举办"校企联系会"和"产学研报告会"等活动，引导大学生在企业生态绿色科技创新文化的熏陶感染下形成生态环保理念。

三、提高教师队伍的生态素养

教师在传授生态文明知识的过程中，由于其生态文明知识储备不足以及教学能力有所欠缺等原因导致教学方法比较陈旧，教学效果不是很理想，针对这方面的问题，通过提升教师的生态文明知识水平、增强教师的生态文明教学技能来优化教师队伍的生态文明素养。

1. 提升教师的生态文明知识水平

教师要给学生一瓢水自己先得有一汪泉，只有教师自己生态文明内容储备扎实了，才能更好地教给学生更多的知识，才能对大学生的思想进行启迪。所以，教师要想教好大学生生态文明内容就得不断给自己充电，才能释放出更大的能量，这就需要教师通过多种途径获取生态文明相关内容，提升自己的生态文明知识储备。首先，教师可以通过网络途径获取生态文明内容。现在的时代属于网络时代，资源获取更加高效便捷，不仅大学生可以从网上获取知识资源，教师也可以从网络上获取生态文明的相关资源，进行学习，提升自己的生态文明知识储备。其次，教师可以通过课题申请获取生态文明相关内容。教师申请生态课题时，需要对该领域进行深层次的相关研究，需要查找、阅读大量的文献资料，并进行思想凝练，提出新的观点，所以说，课题研究有利于教师提高自己的生态文明知识水平，更好地给大学生传授生态文明知识。最后，高校为教师提供获取生态文明内容的平台。高校应该定期为教师提供培训平台或者为教师提供外出深造学习的机会，又或者在假期时间对教师进行集中培训与学习，尤其是给教师提供知名专家学者的专题讲座，专家学者的研究深度很适合拔高教师的知识水平，使教师学习学术领域的前沿成果，获得思想启迪，快速提升自己的生态文明储备水平。总之，教师通过各种途径提升自己的生态文明知识储备，为顺利开展教学工作奠定坚实的基础，给大学生传授更多、更丰富的生态文明知识，最终推动大学生生态教育的发展。

2. 改进教师的生态文明教学方法

一堂课有无吸引力是检验课堂成功与否的标准之一，而一堂课有没有吸引力，关键看教师的知识功底和教学方法。在问卷调查数据中也发现，13.36%的大学生认为教师的教学方法比较新颖，19%的大学生也比较满意教师的教学方法，所以，改进教师的教学方法是课堂有无吸引力的关键，教师新颖的教学方法不仅可以获得学生的认可与满意，而且其他教师也可以通过向优秀教师的学习，改进自己的教师方法。因此，在新媒体环境下，教师可以从课前、课中、课后三方面改进自己的教学技能。

（1）改进课前教学方法。课前的预习任务布置不应该只是简单的书本内容预习，可以采用多样的预习方法，比如，观察生活现象、周围的环境变化，写一段看法感悟，做一次采访活动，对宿舍、教室、学校生态环境的满意度调查，分析原因等活动，激发大学生的分析、思考能力，更好地导入课程。

（2）改进课中教学方法。教师在新媒体环境下要根据大学生的行为习惯和生活节奏改进教学方法，在教学过程中加入音频、视频、图片等网络化特征的形式，采用知识讲授、创设情境、逻辑梳理、现实模拟朗诵、辩论或者是几种方法相结合的新颖教学形式，在教学过程中营造出一种活跃、轻松的课堂氛围，提升课堂的感染力与吸引力，激发大学生对课堂教育的学习兴趣，使高校推进生态教育工作时更具魅力。比如，在具体的教学过程中，教师可以利用小视频向学生展示我国的环境现状，启发学生思考如何改善环境现状；或者教师可以采用启发式教学方法，把学生分配为5个人一组共同讨论完成任务，充分发挥大学生的创新思维；又或者采用辩论的教学形式，让学生在辩论的过程中重新审视、思考人与自然的关系。总之，在教学过程中，教师采用多样的教学方法启发学生进行思考，有利于增强大学生的自主性，锻炼大学生的生态文明探究与辨别能力，从而更好地掌握生态文明知识，以求达到理想的教学效果。

（3）改进课后教学方法。一堂课的结束并不代表着师生间的沟通也到此结束，教师可以利用网络的便捷性，为大学生提供优质的信息网络服务，在线回答大学生的问答，帮助大学生解决疑难问题，也可以借助 QQ 群、微信群及时发布课后作业、最新会议、最新思想以及生态文明活动等，便于大学生第一时间掌握有效信息，提高学习效率。

总之，教师通过改进课前、课中、课后的教学方法，增强自己的教学技能，让大学生在有趣、有益的教学过程中获得生态文明内容，更好地吸收掌握生态文明内容，从而推动生态教育课堂的进步与发展。

四、优化课程设置，加强学科渗透

课程是教育实施的关键环节，也是学生接受教育的核心环节。从教的角度来说，课程主要内容包括教师、教材、课程组织形式三个方面。生态文明教育知识水平高的教师，高质量的生态文明教育教材和科学合理的生态文明教育课程组织形式对提升高校的生态文明教育质量，实现高校生态文明教育的职能和生态教育的目标具有重要意义。

1. 编订国家级生态教育教材

2016 年 5 月 17 日，习近平总书记在主持召开哲学社会科学工作座谈会的重要讲话中强调："学科体系同教材体系密不可分。学科体系建设上不去，教材体系就上不去；反过来，教材体系上不去，学科体系就没有后劲。"因此，我们要高度重视国家级生态教育教材的编订工作。高校生态教育教材的体系应该是完整的，即既要有高校各学科的通用类生态文明教育教材，也要有针对各个不同学科学生的专业类生态文明教育教材。通用类生态文明教育教材的编订应由教育部编写或者是在教育部的组织下由指定的高校进行统一编写，教材的内容主要依靠环境生态学相关领域的专家学者编选。专业类生态文明教育教材的编订可以由教育部编订，也可以由高校依据自己学校的教学特色进行编订，教材的内容是由各个学科领域的专家学者分别进行编订，教材的内容要侧重跨学科性。

2. 开设生态环境的公共课和选修课

高校应加强对生态环境危机的严峻性和生态文明教育课程的重要性的宣传，对高校生态文明教育公共课和选修课的课程组织形式进行创新，将公共课和选修课有效结合，提高大学生的学习兴趣和课程参与度。在生态文明教育公共课方面，高校应侧重大学生对生态系统知识的基础学习，课程既可以以学校为单位面向整个学校的大学生开设，也可以分别以学院为单位面向学院的大学生开设。公共课的课程要注重生态内容的系统性和教育方式的启发性，与时俱进地提高大学生的生态意识、生态道德水平、生态行为习惯和生态思维能力。在生态教育选修课方面，高校应侧重大学生对生态专业知识的深度掌握，加强生态文明内容的跨学科渗透，使生态文明理念融入大学生的专业学习和学术研究，培养出跨学科的专业人才。

五、优化高校生态文明教育环境

高校总是处在一定的社会环境之中，高校生态文明教育工作不是高校单独进行的。日本的社会支持系统为日本高校生态教育的发展提高了重要支撑，北美地区环境类非政府组织的广泛参与，以及瑞典在生态教育领域开展的国际合作，不仅促进了本地区高校生态教育的发展，还推动了国际高校生态教育的发展。因此，我国社会各界都应发挥在高校生态文明教育事业中的作用，为高校生态文明教育工作的开展创造成熟的社会环境。

日本完善的生态文化体系使日本国内形成了浓厚的生态环保氛围，大力提升了民众的生态意识和生态行为能力，为日本高校生态文化教育工作的开展提供了良好的社会条件。我国政府和社会对生态文明建设事业的宣传力度很大，但普遍缺乏对高校生态教育工作的宣传和引导。因此，我国应在宣传生态文明和生态环境保护的同时，重视生态教育宣传工作，形成生态教育的文化氛围，为高校生态文明教育工作的开展奠定环境基础。

1. 营造高校生态文明宣传网络环境

截至 2021 年 6 月，我国的网民规模已经到了 10.11 亿人，互联网的普及率达到了71.6%，互联网已然融入了大众的生活，在互联网新媒体繁荣发展的背景下，互联网舆论环境也逐渐复杂多变。高校的宣传负责部门必须要掌握互联网舆论环境的主导权，积极地利用新媒体平台宣传生态文明理念以及生态文明建设等相关内容，介绍目前生态现状，传播环保节能的生态意识，形成一个信息真实且充足、宣传内容系统化、宣传流程与模式成体系的新媒体平台教育系统。让民众产生生态保护的共识，激发出民众的社会生态责任感。社会生态宣传的新媒体平台要呈现多样化，除了电视、广播、行政部门官网等传统平台之外，还可以利用好当前应用最大众化的新媒体社交网络平台，例如，微信、微博、QQ 等。在社交网络平台注册官方的社会生态宣传账户，以每日推送生态信息、新闻等方式进行宣传、实时更新，以大学生能够接受并感兴趣的形式做好宣传工作。这样的形式符合大学生平时的社交习惯，宣传的生态信息能够有效地在大学生之间传播开来，并且通过大学生实现传播范围的最大化，加强了生态教育的效果。创建生态教育 App 平台。通过调查研究把握大学生心理成长状态以及日常阅读习惯创建 App，并嵌入时尚元素。通过分析策划生态教育主题，定期地推送相关内容，形成精准地推送通俗易懂、内容丰富、形式多样的生态教育内容体系，及时宣传大学生生态文明知识、先进事迹、视频等内容，曝光破坏环境行为，营造浓厚的生态育人氛围。

2. 营造高校生态文明教育物质文化环境

马克思指出："人创造环境，同样，环境也创造人。"① 良好的校园文化有利于学生养成保护环境的自觉行为，也是融入大学生日常生活和精神世界的最佳载体。高校要遵循教育规律，加强现代大学制度建设，建设绿色校园，营造人文环境，培养人文情怀。高等学校应以"绿色校园"建设作为建设特色鲜明高水平大学的重要组成部分，并将其纳入学校的整体规划之中，着重培养师生的绿色生活方式和行为规范，打造绿色文化校园。第一，构建和谐绿色的校园景观设计。从人文景观学和生态美学的视角，打造大学生生态价值观"文化场所"，进行花草树木种植，为每一种植物佩戴好"身份证"对其做详细地介绍，增强学生对它们的了解；集合山水系统、通风廊道以及重要节点的视线廊道，建设各种绿化带；设立绿色生态道路广场，搭建楼群凉亭，挖建人工湖——既可以拦洪蓄水、调节水流，也可以用于校园灌溉和养鱼，建设休闲园林式高校，营造良好的生态价值观教育氛围。第二，认真规划生态文明教育主题功能区。在教学区域内，将倡导生态文明保护的

---

① 马克思恩格斯文集（第一卷）[M]．北京：人民出版社．2009：545.

思想家以及对生态保护作出重要贡献的人物画像、雕塑以及他们的思想和主要事迹摆放在显眼的位置；在校园草坪上树立如"小草对你微微笑，请您把路让一让"等接地气的标语；设立校园橱窗宣传栏对国家环境保护和生态建设的大政方针、校内外环保人物和事迹等进行宣传；采用环保基础设施，如投放分类垃圾桶、电池回收箱、旧衣物回收箱，采用节能路灯、自动感应水龙头、声控或光控楼道灯等，优化校园的物质文明建设。

3. 完善高校生态文明教育制度文化环境

生态文明教育需要高校制定明确的制度加以保障和监督实施。第一，完善高校生态文明教育的保障制度，在校纪校规中加入环境保护的规章制度和行为准则，突出校园规章制度的生态内涵，通过制度规范约束全体师生的言行，要求他们在日常的行为活动中节约资源，爱护花草树木，讲究环境卫生，共同营造和谐美好的文明校园；建立健全财政体制，确保绿色校园建设和对大学生开展生态价值观教育的有序进行。依靠国家政府的财政经费投入，广泛吸收社会资金，保障学校开展实践教育或者隐性教育的物质基础。第二，完善教育的实施体系，明确大学生生态文明教育培养目标，制定相关的课程和学分管理办法，培养专职教师，建立教育评估体系；从大学生实际出发，制定切实可行的大学生生态文明教育制度，精心规划和设计教育教学课程和实施方案，将教育资源内容融汇于教学过程的始终，确保生态文明教育制度化和常态化。第三，完善考核评价体系，改革大学生生态文明教育质量评估和人才评价体系，建立多维度评价标准。开展由政府、学校、家长以及社会各方面参与的大学生生态价值观教育质量评价活动；建立信息共享平台，加强师生交流，及时反馈教学效果，调整教学方式方法；将生态价值观考核与大学生的德育考核、综合素质测评、学生奖助学金直接挂钩，与教职员工绩效相关，引导树立师生共建绿色校园的生态认知和责任感，促进大学生养成生态行为习惯。

4. 创设高校生态文明教育精神文化环境

精神文化是文化建设的精髓和内核，也是高校进行大学生生态文明教育的灵魂。它以一种潜在的力量对大学生情感价值观念的培养给予潜移默化的影响。在高校文化绿色创新发展建设生态文化的过程中，应紧紧围绕社会主义现代化强国建设和中国梦奋斗目标，以习近平生态文明思想为指导，将科学认识人与自然的关系，推动绿色发展，遵守生态文明行为规范等全面融入教育教学的全过程，培育形成符合生态文化建设规律的价值观念、思想认识、道德理想，实现环境保护的行为自觉。打造绿色生态的教学体系，把握"绿色大学"建设的主旋律，加强生态文明宣传教育。在各个学科课程体系中融入生态教育，使大学生了解当前我国环境、资源国情以及加强保护环境、进行生态文明建设的必要性和紧迫性，从而对每一门课程都能从绿色发展的视角加以把握和运用。引导教师做好示范榜样作用。学高为师，身正为范。教师除了要在课堂上做好知识传授外，还应以良好的行为习惯为学生树立生态文明示范榜样。定期精心地策划、组织、开展生态文明建设的相关主题活动，形成特色文化活动，确保教师对于生态知识的把握，进而在课堂内外能够对学生进行榜样示范带动。

第五章 高校生态文明教育建设路径

当前，我国生态文明建设正处于压力叠加、负重前行的关键期，而生态文化缺失已成为生态文明建设的短板，亟待生态文化教育和生态文明意识培育的积极跟进，切实推进生态文明教育对于高校思想政治教育具有崭新的时代意义。大力推进高校生态文明教育有利于丰富当代大学生文明素养。随着现代工业文明模式扩张，生态危机在全球范围内全面爆发，我国也产生了严峻的环境生态问题，生态文明建设迫在眉睫，生态文明教育亟待推进。《中共中央国务院关于加快推进生态文明建设的意见》明确指出，"将生态文明纳入社会主义核心价值体系，加强生态文化的宣传教育，倡导勤俭节约、绿色低碳、文明健康的生活方式和消费模式，提高全社会生态文明意识。"①加强高校生态文明教育既是生态文明建设的现实需要，也是高等教育自我革新的必然选择。我国著名高等教育学者潘懋元教授曾指出："许多严重破坏生态环境的事例……应负主要责任者很多是我们高等学校培养出来的专门人才。"②加强大学生的生态文明意识，帮助大学生建立良好的生态价值观，需要优化高校生态文明教育，为此就需要完善高校生态文明教育的课程设置；建设良好的校园生态文化环境；培育高校可持续的生态意识；建设"绿色大学"。通过构建新的高校生态文明教育模式，能为生态文明教育实践提供理论参照和思想指引，提高生态文明教育的针对性和实效性，培养具有较高生态认知水平的中国特色社会主义合格建设者和可靠接班人。

第一节 完善高校生态文明教育的课程设置

生态文明教育是对当今新型生态文明理念、思维的解读与传承，在建设美丽中国时代背景下，需要辐射全社会共同承担起这项复杂而艰巨的任务。高校本就承担着人才培养、科学研究、社会服务、文化传承创新的基本职能，所以，高校开展生态文明教育是其发挥基本职能的体现。课程体系是高校人才培养的重要载体，是将高校人才培养计划付诸实践的桥梁。课程体系作为高校教育的核心，决定了受教育者所获得的知识和能力的多少。随着社会发展日新月异，高校课程教育体系应随着时代、社会、学生的需求进行改革和发

---

① 中共中央国务院关于加快推进生态文明建设的意见［N］. 新华网，2015 - 05 - 05.

② 王利君，王世阳. 提升大学生生态文化素养的心理学策略——以河北省为例［J］. 河北工程大学学报（社会科学报），2017（1）：82 - 83.

展，助力高校培育社会需要的人才。

一、发挥思想政治理论课在生态文明教育中的主渠道作用

"高校思想政治工作关系高校培养什么样的人、如何培养人以及为谁培养人这个根本问题。要坚持把立德树人作为中心环节，把思想政治工作贯穿教育教学全过程，实现全程育人、全方位育人，努力开创我国高等教育事业发展新局面。"① 2016 年 12 月，习近平总书记在全国高校思想政治工作会议上强调要把思想政治工作贯穿教育教学全过程，要开创我国高校教育事业发展的新局面。2019 年 3 月 18 日，习近平总书记在学校思想政治理论课教师座谈会上强调，青少年阶段是人生的"拔节孕穗期"，思想政治理论课要全面落实立德树人的根本任务，培养担当民族复兴大任的时代新人。生态文明建设是关系中华民族永续发展的根本大计，紧紧围绕生态文明和美丽中国建设，切实推进高校生态文明教育，既是"绿色大学"建设的时代诉求，更是高校思想政治教育彰显时代精神、回应时代问题的必需之举。当前高校生态文明教育存在诸多难题，需要积极探索多元应对策略。

思想政治教育在对于大学生的世界观、人生观、价值观的塑造和培育方面，起着举足轻重的作用，所以面对时代的日新月异，思想政治教育必须紧随时代的发展，除了为物质文明、政治文明、精神文明建设服务以外，还应该为生态文明建设服务，积极配合我国实现生态文明建设的总体目标。其实很早就有一些学者指出，在思想政治教育理论课程中纳入生态文明教育。近年来，结合思想政治教育领域研究生态文明教育的文献资料越来越多。其实，无论是生态文明教育还是思想政治教育，最终目的任务都是提高人们的意识素养，培育出"完整的人"。实际上，生态文明本身就是构成思想政治理论课的重要组成部分，所以在我国高校中，对于生态文明教育大部分都是通过思想政治理论课实现的。现在高校大学生会必修四门公共课分别是：马克思主义基本原理概论、毛泽东思想和中国特色社会主义理论体系概论、中国近代史纲要、思想道德与法治。马克思主义基本原理概论课程中，人与自然的基本关系是马克思主义哲学的基本问题，在人类认识世界和改造自然的过程中，在尊重事物发展客观规律的基础上，把"生态文明"与人类社会的发展、共产主义的建设等部分有机地结合起来，让大学生认识到环境破坏的严重性、生态保护的紧迫性以及可持续发展的重要性。其第五章第二节内容专门介绍了资本主义经济危机产生的实质与根源，在此基础上可以扩展到生态危机。毛泽东思想和中国特色社会主义理论体系概论课程中把"生态文明"与科学发展观、推进全面改革、中国特色社会主义经济建设、中国特色社会主义总体布局等部分有机地结合起来，推出生态特色产业、科技生态转型等观念，使大学生重视生态文明的重要性，投入到生态文明建设中来。十八大明确提出把生态文明建设放在突出地位，融入经济，政治，文化，社会各个方面，由"四位一体"变为"五位一体"，所以可以增加一章内容单独介绍建设中国特色社会主义生态文明。《中国近代史纲要》中大部分描述的是中国人民争取民族独立和民族解放的历史，完全可以延伸到描述中国近代生态思想史。思想道德与法治课程中，加强对大学生进行生态文明行

---

① 新华社，把思想政治工作贯穿教育教学全过程 开创我国高等教育事业发展新局面 [N]. 新华社，2016 - 12 - 08.

为教育、增加相应的环境保护法律法规。对于大学生生态素养、生态道德的培养是高校生态文明教育的重要部分，建立一个可持续发展的社会，是我国持久发展的一个重要保障。对大学生进行生态文明行为和道德教育，使大学生认识到可持续发展的重要性。其主要介绍了社会公共道德，家庭道德，职业道德，在此基础上可以延伸到生态伦理道德。这样在大学生公共必修课加入关于生态内容可以更好地推进高校生态文明教育，同时保证了学习内容的完整性，全面性。

总之，高校生态文明教育的开展以思想政治理论课为主渠道，在贯彻党和国家的主要政策方针的同时，更能与社会主义社会的主导思想——马克思主义思想充分结合，进一步推动我国社会主义社会向共产主义社会的发展。

二、调整高校思想政治理论课的课程设置和培养计划

对于高校课程设置和培养计划的研究是高校教学工作的重要研究领域，制定适合不同专业需求的课程设置和培养计划对于大学生的培养起到事半功倍的效果。然而，目前思想政治理论课程，尤其是高校生态文明教育课程普遍存在着以下问题：课程体系设计不合理，缺乏科学性；课程内容陈旧，缺乏吸引力；课程特色不鲜明，缺乏实用性等。各个专业都只注重本专业的横向发展，忽略了不同专业间的相互联系。

针对以上问题的出现，调整高校思想政治理论课的课程设置和培养计划是势在必行的。对于思想政治理论课的课程设置及培养计划要以继承和创新为原则，实现有利于思想政治教育培养目标的全面发展，以体现思想政治教育的性质和特点。首先，要注重理论教育和实践教育相结合。调整思想政治理论课课程设置和培养计划要适当提高学生的践行能力，培养学生的独立思考和动手能力，使得教师和学生在授课过程中能得到更多的互动。其次，根据时代发展要求，对原有课程进行改革。随着时代的发展，思想政治理论课不仅仅是一门人文科学，与我国经济、政治、文化、社会和生态建设的方方面面都有着千丝万缕的联系。因此，在思想政治理论课的课程设置和培养计划中，除了对高校学生思想、行为、道德等进行培育外，还应该重视与其他学科，如管理学、法学等之间的相互联系。最后，对思想政治理论课进行整合。不可否认，目前思想政治理论课的课程设置和培养计划存在一定的合理性，但是，这样单一的课程设置影响了整个思想政治理论课程的整体性和实效性。这样无法充分满足大学生思想品德方面的发展要求。实现课程整合，不仅有利于在教师授课中实现思想政治理论课的系统性，而且能够促进思想政治理论课与其他各门学科的有机结合。调整高校生态文明教育的课程设置对于高校生态文明发展，乃至我国生态文明建设都具有重要意义。

要实现生态文明教育的主要发展目标，首先可以结合思想政治教育的理论观点，调整高校生态文明教育的课程资源与思想政治教育课程保持一致发展方向，发挥施展思想政治教育课程的主要功能，利用学科交叉的方法，在保持思想政治教育课程资源基本性质的同时，把两类学科融合起来，进一步提高高校学生在课堂上接受基本生态文明知识的实效性。其次，结合思想政治教育的创新性发展理念，深化和升华高校生态文明教育的内容，在课后可以将生态学、生态文明、人文视野中的生态学、环境污染事件与应急响应等相关的精品课程，和思想政治教育课程共同以在线开放共享课程的方式在高校已有的平台上使

用，以思想政治教育为主的方式通过班级主题讨论、院系征文、主题演讲等多种方式巩固学习的生态知识。最后，在组织学生开展两者融合的生态科研学术的过程中，可以发挥思想政治教育课程的主渠道作用，合理创新发展生态文明教育理念，在涉及调查、统计和开展学术会议讲座等相关的生态科研学术活动时多应用生态知识，有效促进高校生态文明教育与思想政治教育的创新性发展。

三、增加高校生态文明教育必修课和通识选修课课时量

目前，高校对于生态文明教育的课程，不管是必修课还是通识选修课，课程量都还不多，大多数高校的生态文明教育还处在初级阶段，即环境保护阶段，学生对生态文明的内涵、性质等问题还是很模糊。据调查显示，大学生大部分是通过手机网络了解关于生态文明知识的。有的学生在读大学期间没有接受过有关生态环保课程的教育，有学生从来没注意过学校是否开设过关于生态文明的选修课程。针对这种情况，适时增加高校生态文明教育的必修课和通识选修课的课时量是现有高校生态文明教育教学实施的有效途径之一。高校可以面对全校所有非环境专业学生开设关于生态文明教育的公共选修课，并且可以把选修课成绩与学生的学分制挂钩。高校生态文明教育的教学资源很丰富，中国古代哲学、国学与生态、马克思主义生态思想、西方环境教学、我国的生态文明发展历程、关于我国面临的环境危机，结合爱国主义教育，开展以"环保与爱国"专题教育等，从而提高大学生的生态环保意识。实践证明，增加高校生态文明教育专业必修课和通识选修课的课程量，对于更好地传播生态文明知识，培养生态文明素养，养成生态文明行为有着必不可少的作用。

素质教育的根本是对学生进行全方位的教育，因此，在课程设置中应该结合时代背景和要求，注重学生之间的个体差异，充分满足学生的求知欲。增加高校生态文明教育的课时量使必修课与选修课的数量保持一定的合理比例贯彻到高校生态文明教育教学中，给学生较为充分的自由度，使他们根据自己的实际情况来选择课程，增加生态文明教育的实效性和针对性。学校只有充分利用一切教育资源，提供比学生所选择的内容更广泛的课程，才能使学生重视环境保护的重要性，达到树立生态文明观、培养生态意识，最终促进大学生全面发展的高校生态文明教育目标。增加高校生态文明教育相关课程的课时量可以以"质"为主，在原有课程的基础上，深入探讨专业课程的某些具体知识。而对于增加高校生态文明教育非相关专业的课时量可以以"量"为主，扩大原有知识范围，加入生态环境相关知识。在高年级阶段可以根据社会需要的反馈信息，在基础教育课程之上，制定若干"选修组课"，形成学生各自的专业方向，拓展学生的专业知识，增加学生对环境保护的兴趣。

最早正式开设名为"生态文明"的全校公共选修课程的高校，是作为我国最高绿色学府的北京林业大学，其开课时间也仅能追溯到2011年秋季。[①]近几年开设了生态文明选修课的高校也越来越多。因此，高校应该多增设生态道德、生态诚信、生态价值等选修课

---

① 吴明红，严耕. 高校生态文明教育的路径探析［J］. 黑龙江高教研究，2012，30（12）：65.

程到学生课堂。高校应该总结各选修学科的生态基础知识，然后将人文社会科学和自然科学选修课程之间进行生态学科互补，课程内容互补，与生态元素交叉融合突破跨学科之间的壁垒。从输入方面来看，相比较专业课程来说，公共选修课程不论是内容还是考核方式都相对容易，教师可以利用相对轻松的教学方式，如可以利用比较受高校学生欢迎的微博"热搜"功能、微信和QQ的"转输"功能、知乎和贴吧的"评论"功能；电视、广播、课本知识的"传播"功能；电子产品上各种软件推出的"种树"活动等，发挥它们共同的"关注"功能，多角度、全方位利用社会典型的生态案例引起学生对环境保护的重视，激发学生的共鸣感，让他们自主自觉选择学习生态知识。从输出方面来看，高校学生可以利用多种方式积累不同的生态素材，将课堂学习及课后在马克思恩格斯经典著作、中国传统文化、现代生活观念以及国家相关政策及法规等方面了解的生态思想、知识转化为自己的见解，在输出过程中，坚持准确性、完整性和全面性原则将自己理解的生态理念传播给周围的家庭成员和社会成员，逐步培养身边人的生态情怀、生态思维、生态智慧，积极推崇绿色发展知识，广泛传播生态文明理念。

四、加强生态文明教育课程的管理

1. 制定统一的生态文明教育课程标准

生态文明教育课程体系各部分是相互贯通、协同运作的，如果没有一个具有可操作性的统一标准就难以对课程实施的质量与效果进行科学的衡量与监测。因此，必须要编制一个统一的生态文明教育课程标准作为其课程实施的基础。一方面，需要政府部门的统筹规划。由于当前我国不同地区的生态文明教育现状存在的差异性以及各高校自身具备的学科优势与资源优势迥异的现实，国家可以在明确总体课程规划的前提下，将设定课程标准的权限下放到各省级教育主管部门，允许各省份依据本区域现实条件，积极组织生态文明教育相关领域的专家、学者等对高校不同学段或不同专业应该开设哪些生态文明教育课程、如何开展、要到达怎样的课程目标等内容进行深入的交流与探讨，最终在兼顾学生自身发展需要、社会发展需要以及生态文明学科发展需要的基础上制定出一套具有鲜明层次性的课程标准，对其生态文明教育课程体系建设过程中的内容选择、实施原则和评价标准等做出宏观上的规范和约束，在为高校生态文明教育课程体系建设提供可以参照的可行性依据的同时，也为学校的个性化发展留有足够的空间。另一方面，需要高校课程管理部门以及任课教师的密切配合。高校课程管理部门以及任课教师是将课程标准付诸实践的主体力量，能够准确把握课程标准实践过程凸显出来的问题，因此，要引导双方积极参与到自身所在区域的生态文明教育课程标准的修订工作当中，通过实践不断推动对课程标准改进与完善。

2. 整体规划生态文明教育课程

为了促进高校生态文明教育的系统化、规范化，还需要在统一课程标准的指导下，对高校具体需要开设哪些通识类生态文明教育课程做出整体的规划安排，切实为高校生态文明教育课程设置提供方向上的引导。具体划分为三类课程：第一，生态认知教育类课程。以"实现学生掌握生态文明相关基础知识，对生态系统的能量传递、物质变换等基本原理有所了解，掌握当前生态环境方面的国情、社情，对生态环境形成一个正确的认知"为目标。其主要开设的生态文明教育课程可包括：生态学、生态文明概论、生态系统生态学、环境科学概论、能源与可持续发展、森林资源与环境导论等。第二，生态文明观念教育类课程。从培养学生生态文明情感、态度、价值观的维度出发，以"激发学生热爱自然、保护自然的情感态度、引导学生树立正确的生态自然观、生态伦理观、生态价值观、生态审美观、生态法制观、生态全球观"为目标。开设的生态文明教育课程可涵盖生态伦理学、生态经济学、生态美学、生态文学鉴赏、环境法学、全球环境概论、全球生态学等。第三，生态文明行为技能教育类课程。以"培养学生具备一定分析和解决生态环境问题的基本专业技能，在日常生活中养成自觉践行生态文明行为的良好习惯"为目标。开设的生态文明教育课程可涉及自然灾害与防灾减灾、绿色消费与绿色营销、绿色生活与环境科学、全球绿色消费行动以及一些生态文明实践活动课程，比如某社区生态文明现状调研活动，生态文明暑期社会实践等。

3. 建设与完善课程管理制度保障

制度是将总体规划与设计落实到实施层面的必要保障，因此，要积极推动高校生态文明教育课程管理制度的建设与完善。高校课程管理制度包含两个层面的内容：一是国家、政府指导或干预高校课程设置和教学实施的管理制度。二是高校内部有关课程的规划、实施、评价和更新等方面的管理制度。而本节中提出建设和完善课程管理制度特指后者，即加强学校层面在整体上对生态文明课程的实施、评价等工作的组织与控制，促进高校既能从全局上把控课程体系的运行，又能在细节上调节好生态文明教育课程自身的运转，实现课程体系的优化。首先，要建立生态文明教育课程实施的监控与督导制度。高校可以自行组建生态文明教育专家委员会，通过定期或不定期的听课、评课等方式对本校生态文明教育课程实施情况进行实时追踪和及时指导，使课程实施的质量与效果得到在一定程度上的保障。其次，要完善课程评价管理制度。一方面，高校积极促进生态文明教育课程综合评价体系的构建。在本质上看可以将生态文明教育划分到思想道德教育的范畴，而道德判断能力的改进是难以完全量化考察的。因此，对其进行课程评价不宜完全依赖考试的方式，而要从多方面入手对其进行全方位的考察，不断改进评价方法。既要注重对形成性评价与终结性评价的综合运用，也要把相对评价与绝对评价相结合，同时，还要强调表现性与发展性评价，力求改变单纯强调学习结果而忽视学生进步程度的评价倾向，综合运用多元化的评价方法，以提高课程评价的客观性、准确性与科学性。另一方面，充分发挥课程评价的引导、诊断、改进与激励等功能。要及时对生态文明教育课程评价中反映出来的典型性问题展开探讨，并迅速制定合理的改进方案，以引领生态文明教育课程体系的改进与完善。

第二节　建设良好的校园生态文化环境

校园文化，就是学校师生在学习、工作和生活的过程中所共同拥有的价值观、信仰、态度、作风和行为准则。如何创建积极向上的校园文化，一定要立足学校实际，体现学校自身的风格、特色，力争将校园文化建设与创建学校特色密切结合起来。生态文明建设在中国特色社会主义总体布局中具有贯穿全局的基础性地位，建设人与自然和谐共生的现代化，建设美丽中国，是新时代中国特色社会主义现代化的新内涵、新特征、新追求。作为新时代中国特色社会主义的建设主力军和未来中坚力量，作为生态文明的传播者和践行者，大学生的生态文明素养事关我国生态文明战略大计，高校要将生态文明纳入社会主义核心价值体系，将生态文明宣传教育融入校园文化，要弘扬绿色校园文化，要丰富校园生态文化，营造良好的生态校园文化氛围，提高大学生的生态环境认知水平、环境风险辨识能力、环境实践参与能力和环境政策认同感，提升大学生生态文明意识和生态责任感。

校园生态文化环境主要包括：物质环境，精神环境，制度环境。加强生态物质文化建设是高校生态文明教育的基础，提升校园精神文化建设是高校生态文明教育的精神动力，健全制度文化体系是加强高校生态文明教育的长久保障。

一、加强校园生态物质文化建设

绿色大学应该有一个干净、漂亮、布局合理宜人的校园环境，并与和谐的校园文化融为一体，是一个精心规划具有环境育人功能的生态花园校园，是一个到处都是保护环境，节约资源的节约型校园，加强绿色校园周边社区的辐射功能。马克思说："人创造环境，同样，环境也创造人。"①创建良好的校园人文自然环境能够鼓励高校学生积极宣传生态文明教育理念，践行生态文明行为，为大学生生态文明意识培育创造良好的外部环境。建设优美舒适的校园人文自然环境，可以通过运用科学的技术手段去挑选、配置和摆设不同品种、不同类别的花草，也可以在校园环境建设中加入艺术设计，让学生从心理上感受认同自然带来的美感，将生态文明融入美丽文明校园建设的细微之中，比如：可以在校园一角加上平铺鸭蛋形、鹅卵石画黑白线形等创意型小径，使校园建设在功能选择上满足师生的使用需求，在视觉效果上满足审美需求，在布局结构上满足整体的和谐统一，在心理上满足师生的感官愉悦需求，利用优美的校园环境增强师生的向心力和亲和力，实现人文景观生态效益的最大化。

以人为本的校园绿化应该想办法做到景为人所用，不仅有观赏性和实用性，但也要充满了人情味。如多布置一些亭廊、游园、休闲椅等。尽可能地为学生学习、交流、休息创建一个围合、半围合的滞留空间，使校园景观设计既有一种自然美丽的视觉风景，又有一种生态效益和景观效果，方便老师和学生。比如在学校校门点缀灌木花卉，在入口处设立一块大石头，在石头上刻上校训，这样就可以让人领略到园林式奇石美；在主建筑如教学楼、办公楼、校园图书馆、主要道路的两侧可以种植一些生长缓慢，相对罕见的树种，这些树会随着时间慢慢长大彰显学校的历史；还可以在校园内建设生物园、植物园、心海湖，在湖泊里养殖观赏鱼等。这样就为整个校园增添了活力，使教师和学生感受大自然的气息。加强绿化，美化，净化校园环境，创建一个有"原生态"气息的校园，为教师和学生营造一种"亲生态"的文化氛围，将有助于提高教师和学生对生态文明的认识。

---

① 马克思恩格斯文集（第一卷）［M］．北京：人民出版社，2009：545．

二、提升校园生态精神文化深度

高校的中心任务是教育人，文化在培养人才工作扮演着重要的角色，培养大学生的环保素养并使之付诸行动是绿色文化的终极目标。换句话说，绿色文化就是对人的"绿化"教育。大学文化是大学的精神和理念，是高等教育文化所关注的焦点。教育界提出的"泡菜"理论同样适用，泡菜水的味道决定所泡出来的白菜、萝卜的味道，大学的文化氛围决定所培养出来的学生的素质。[①] 因此，大学校园要营造一种促进人与自然的协调发展，和谐发展，并能使人类可持续发展的绿色文化氛围。

大学可以紧密结合学校的学术科研优势，掌握绿色文化建设的方向。学术科研为创建"绿色大学"提供技术支持和理论依据，并结合中国的实际情况，促进绿色文化建设，积极推广绿色文化的理念。例如，北京林业大学第十六届研究生学术文化节开幕，学术文化节开幕式上，中国工程院院士沈国舫，为广大研究生作了题为《我国生物碳增汇减排战略探讨》的主题报告。沈院士通过大量的数据与详细的例子介绍了生态系统及其碳循环的特点、我国生物碳增汇减排的现状和潜力以及生物增汇减排战略。学校还可以通过校报、广播、宣传橱窗、网站等宣传阵地，大力宣传环保知识，建成环保网站，宣传学校环保活动等，开展环保时装秀大赛、环保征文比赛、环保知识竞赛、举办环保绿色讲坛，图书馆可以订阅一些《中国环境报》《环境》《环境科学文摘》《大自然》《世界环境》等报纸杂志，供师生了解和查阅。充分利用文化具有传播的规律，制造"热点"，抓住社会的焦点，扩大绿色文化的影响力。总之通过举办这些活动旨在丰富大学生校园文化生活，努力使环保理念、节能减排意识深入人心，创建资源节约型、环境友好型的绿色校园的良好态势，实现绿色、环保、低碳生态校园的目标。

三、健全校园生态制度文化体系

生态文明教育是环境教育发展的新时代样态，是生态文明建设的重要工具，也是预防环境问题的重要方式。党的十九大报告明确提出，"倡导简约适度、绿色低碳的生活方式，反对奢侈浪费和不合理消费，开展创建节约型机关、绿色家庭、绿色学校、绿色社区和绿色出行等行动。"[②] 为新时代生态文明教育提出了发展方向。高校是生态文明教育的策源地之一，也是生态文明教育研究的重点。立足我国新时代语境，结合环境教育立法和高校整体的制度体系实际对我国高校生态文明教育进行有效的制度化、法治化路径设计是当前迫切需要回应的问题，也是高校服务生态文明建设的迫切吁求和应有担当。理念的形成不可能一蹴而就，要从制度和机制来保证生态文明建设进一步深化，否则将无法实现可持续发展，因此，建立一个健全的制度体系和运作机制是确保高校生态文明建设顺利进行的根本保障。

---

① 刘献君．大学之思与大学之治［M］．武汉：华中理工大学出版社，2000：57．
② 习近平．决胜全面建成小康社会 夺取新时代中国特色社会主义伟大胜利——在中国共产党第十九次全国代表大会上的报告［M］．北京：人民出版社，2017．

1. 完善校园生态考核评价机制

关于校园生态考核评价的哲学依据来源于马克思主义哲学中的认识论，认识的过程有两次飞跃，即由实践到认识和由认识到实践。由实践到认识，再由认识到实践，如此"实践，认识，再实践，再认识"，这种形式，循环往复以至无穷，这就是认识从简单到复杂，从低级到高级，从有限趋向于无限的发展过程。那么评价机制的运行就是这样一个循环往复，螺旋上升的过程。

（1）形成校园生态性评价和终结性评价相结合，以形成性评价为主的校园生态评价机制。生态文明教育评价功能主要在于监管和调节学校生态文明教育的实施情况。评价必须在生态文明教育活动中的过程中进行，主要评价内容是教师和学生在生态文明教育活动中的实际表现，评价应充分考虑学校，教师或学生的实际情况，力求为改善学校生态文明教育的实施情况提供依据。下一阶段生态文明教育计划的开始就是上一学习阶段终结性的评价结果。

（2）采用校园生态的单项评价与综合评价相结合的评价方式。生态文明教育评价包括学生对生态相关的学习方式知识能力、情感、态度和价值观的评价；对教师考核中加进对生态文明教育教学设计、组织和实施评估，使其与教师切身利益相联系，这样也可以帮助及时反馈生态文明教育教学效果；对学校生态文明教育管理工作的评价，这些不同方面的评价分别包含许多具体的评价指标。基于改进和激励生态文明教育的目标，评价者可以对生态文明教育的不同方面进行单项评价实现评价指标的多元化，提高评价结果的针对性，基于判断学校生态文明教育实施的目标，评价者需要关注被评价者的个体差异，力争对生态文明教育做出一个全面调查和综合评价。

（3）注重校园生态评价方式多样化，以定性评价为主的评价方式。学生在环境中的理解、分析和解决生态问题的意识和能力是生态文明教育关注的重点，仅仅单纯地依靠笔试成绩是难以评估学生受生态文明教育的程度。对生态文明评价从量变到质变教育的实际效果，必须采用多种评价方法，包括笔试、行为观察、成长记录袋、现场测试、学习和教育笔记反思等。定性评价强调对评价对象平时的表现状态予以观察、分析、归纳与描述，最后评等级、写评语。

2. 创建校园生态管理机制

生态文明教育应该贯穿学校生活的方方面面，运用环境管理国际标准（规范学校的各项管理），大大深化和提升了生态文明教育，使学校的整体管理系统化，文件化，程序化，营造一个有利于环境的学习氛围。因此，所有的学校部门应携手合作，建立生态文明教育和管理机制。

（1）强化高校管理者在生态文明建设中的主导作用。学校应该成立一个生态文明教育领导小组或是指导小组，这个小组成员由校领导和其他行政管理部门人员，各个学院的党支部书记组成。校长直接领导，并安排专人组织，协调与实施工作，如可以聘请一些专业的生态文明教育者，安排教师接受生态文明教育培训，随后教师把在培训过程中的心得体会传授给学生。高校管理部门应该坚持可持续发展教育理念，旨在增加生态文明教育课时数量和提高课堂质量，设置合理的课程，并鼓励科研机构编写生态文明教育的新课程教材，也可以对学生的毕业论文和毕业设计提出环境分析要求，并作为评定考核论文质量的一个必要条件等。

（2）加强高校各部门的合力作用。生态文明教育具有全民性、整体性、实践性的特点。学校各个管理部门应该共同努力，将生态文明理念有机渗透到高校管理体系中。比如，生态文明教育应提到校长和各管理部门的议程上，创建鼓励全校职工积极参与学校管理和环境保护的民主机制；研究和管理部门可以实行无纸化办公或者少用纸办公；学校图书馆订阅优秀的环境报刊；后勤管理部门做好节能减排工作，学校的教室、办公室和其他公共环境场所应该每天清洗，并实行生活垃圾袋装化，严格执行"校园园林绿化养护管理标准"；食堂部门建有油污过滤器和废气处理装置，生活污水使用三级化粪池处理，餐具消毒后再使用，减少使用一次性塑料制品；洗浴中心使用智能卡和太阳能加热，这样学生就可以自觉控制洗澡时的用水量；学校与政府、企业以及环保机构等其他社会组织建立长期的联系，充分利用人力、物力、财力上的各种有利资源，积极参与到生态保护的活动当中。

（3）健全校园生态监督机制。把生态文明教育融入学校监督系统管辖的范围内，从生态规律的角度出发，运用行政、奖惩、教育等手段监督学校师生，包括学校行政管理人员的行为。监督体系的实施不仅需要教师和学生的积极参与，而且需要社会各种力量的合作，真正着眼于监督制约权力，民主监督，发挥学校智力密集，人才密集的优势，培养人们自觉保护环境的行为。为客观、全面地反映生态文明教育的过程和结果，那些参与学校生态文明教育的社会组织或者个人都可以成为生态文明教育督导。他们既可以作为生态文明教育的实施者从教育内部监督，又可以作为一个独立的外部力量监督学校教育，也可以对他们的实际表现进行自我监督。例如，设置有关的组织机构决定有关生态文明教育的重大问题、生态文明教育专项资金的筹集和配置，实施特定的教师培训和在学校中对教师的教学进行总体规划和监督作为工作的主要内容，这样有利于生态文明内容规范化，系统化和标准化，从而为高校生态文明教育提供外部保障。

3. 构建生态文明教育制度体系

高校生态文明教育不仅需要价值理念塑造，而且需要制度构建。由此，以塑造新时代高校生态文明教育基本价值为目标导向，以构建教学和管理制度为双轨路径，打造新时代高校生态文明教育的制度体系，可以从价值、教学、管理三个维度建立制度，全面推进我国高校生态文明教育的制度化、法治化。

（1）价值维度：塑造高校生态文明教育制度的基本价值导向。高校生态文明教育制度的价值是预设制度实践效果的观念模型，是指导、规范高校生态文明教育法规创制和实施的基本原则。其应是一个多层次的概念，是环境法体系的一个环节，应以价值哲学、环境伦理学、教育心理学和法哲学为理论基础，尤其应建构在法律价值论的理论平台之上，渗透在环境教育立法、法律实施和法律监督、守法等一系列活动和过程中。其不仅体现在保障高校生态文明教育自身发展之上，更应该体现在对当前生态环境治理的功能性支撑之上。对内服务高校生态文明教育持续发展，对外强力支撑环境治理的价值取向，应该成为高校生态文明教育制度体系最基本的两种价值效用，其具体表现在秩序与效益两个方面：

① 构建高校生态文明教育的良好发展秩序。秩序价值是法律的首要价值，形成公正

有效的社会秩序是法律的首要价值追求。博登海默认为，秩序能够广泛地调整人类事务的各个领域，使一种规范得以实现"连续一致性"。① 高校生态文明教育制度体系作为法律领域一个路径性的概念，也必然扎根在法律一般的规律之中，必然体现法律的秩序价值。那么，从一般性到特殊性，法律一般的秩序价值在具体高校生态文明教育法治化的建构之中，必然展现特殊的价值形态。这种价值形态主要体现在构建高校生态文明教育的良好发展秩序之上。此种秩序的导引主要有两方面的含义：一方面，构建高校生态文明教育关系的秩序。一是构建有效的高校生态文明教育行政秩序。通过法规的建构，保证各级部门和领导对高校生态文明教育常态化和制度化的重视与投入。二是形成高校生态文明教育主体的协作秩序。高校生态文明教育各参与主体之间的关系、各自的法律地位、权利义务都需要有一定的界定。高校生态文明教育法治化就是要确立政府统筹支持、高校主导、多元参与的高校生态文明教育法律关系，将各参与主体纳入法治化轨道中。另一方面，构建高校生态文明教育活动的秩序。将高校生态文明教育的范围、活动形式、规则、教育关系和教育行为等纳入法治的轨道，保障教育活动在法治框架内全面可持续运转是高校生态文明教育制度体系建设的价值维度之一。

② 凸显高校生态文明教育制度的环境治理效益。任何制度化的活动势必体现出一定的社会效益，否则就失去了其合理性和有用性。高校生态文明教育制度的价值追求不仅体现在高校生态文明教育本身，而且体现在环境治理的效益之上。融入生态环境治理的大格局之中，寻找高校生态文明教育发挥作用的领域，才能最大限度地凸显其价值，促使高校生态文明教育及其制度化获得更广泛的认同和更深层次的发展。

（2）教学维度：构建高校生态文明教育的教学制度。具体来说：

① 构建高校生态文明教育的师资队伍建设机制。高校生态文明教育的第一线实施者是教师。师资队伍建设是起点，也是贯穿始终的重要环节。构建高校生态文明教育的师资队伍建设机制，一是赋予高校有关科目教师开展生态文明教育教学科研和校内普及工作的职责，在这些专业教师的职称评定、年度考核等指标体系之中，加入生态文明教育课程的开课情况、讲授课时和授课效果评价等内容。二是制定激励政策，鼓励有条件的高校聘用专门从事生态文明教育的教学、科研和普及工作的教师，广泛建立生态文明教育有关学科点、研究机构和公共资源平台。三是在高校制度化的师资培训中，加入生态文明教育教学技能等方面的课程，鼓励各专业的教师结合自身学科特点在课程渗透生态文明教育。四是将各机构的生态文明教育培训项目整合成一个系统有机的生态文明教育培训体系，通过网络平台常态化发布，并设立专项基金支持更多教师参加生态文明教育培训项目。

② 构建高校生态文明教育的课程与教材建设制度。高校生态文明教育的课程与教材是承载高校生态文明教育内容的载体，关涉教什么、用什么教的核心命题。构建高校生态文明教育的课程制度，应以系统设置环境法制教育和环境道德教育专门课程为核心，逐步在思想政治教育、地理学、生态学等课程中渗透生态文明知识、生态环保知识和参与技能。并且，有关部门应制定《高校生态文明教育大纲》以及实施细则，将生态文明教育课程全面纳入高校的日常课程体系。从教材方面来说，一方面将生态文明教育纳入高校教

---

① 任凤珍，张红保，焦跃辉. 环境教育与环境权论［M］. 北京：地质出版社，2010：95.

材编写、修订体系，设置高校生态文明教育教材编写委员会，设立专项的教材编撰课题和基金，将高校生态文明教育的内容全面渗透到思想政治教育、环境科学等课程教材之中；另一方面广泛运用微信、微博等新媒体技术，将高校生态文明教育教材电子化、便捷化。

③ 构建高校生态文明教育实践基地的建设制度。"环境教育基地的发展很像'火车头产业'，它可以汇聚包括学校、社区、社会等各方面的环境教育努力。"① 生态文明教育不仅是一种课程教育，更多的是实践教育。实践教育能将生态文明教育从形式层面深入意识层面。一方面，应从法规上明确定位高校生态文明教育基地，将其与高校就业实践基地、教学实践基地、创新创业教育基地列于同一地位。在高校评价体系之中，设置高校生态文明教育实践基地的建设权重，实行自愿申报与强制考核相结合的制度，制定高校生态文明教育实践基地的管理办法，对基地的申报、遴选、考核、奖励淘汰等环节进行细化规定。另一方面，组织、引导高校师生到环境治理现场开展生态文明教育。

（3）管理维度：构造高校生态文明教育的管理制度。具体包括：

① 高校生态文明教育的组织管理制度。高校生态文明教育是一个由诸要素组成的系统，涉及的主体和领域极为广泛，需有一个强有力的组织管理制度加以统筹运转，统一组织实施。一是从法规上明确负责高校生态文明教育的政府工作机构和职能，由政府建立生态文明教育委员会进行统筹协调②，形成互为补充、分工协作的工作机制。二是从法规层面明确高校开展生态文明教育的义务，建立高校职能部门统筹、院系分级管理的生态文明教育工作机制。

② 高校生态文明教育保障制度。通过环境教育立法和制定教育部门的行政法规，确立高校生态文明教育发展的人、财、物保障制度。在高校生态文明教育法规以及具体实施细则中根据不同地区、不同高校的情况设定生态文明教育师资人员、课程数量、实践基地建设标准和经费投入量、经费年度增长幅度、专项项目定向补助方式和业务用房、环保宣教机构软硬件建设的标准等。从行政管理法规上明确全员参与高校生态文明教育的职责和生态文明教育纳入高校日常工作部署的要求，以法律凝练高校生态文明教育机构的建设标准，以法律制度的刚性和明确性来保障高校生态文明教育的持续推进。

③ 高校生态文明教育公众参与制度。高校生态文明教育发展的生命力在于高校师生参与，其主要目的之一也是推动公众参与环境治理和环境保护，应以文件规定的形式对高校生态文明教育的公众参与制度进行规定，并适时上升为法律规范。一方面，深化高校环境科学学科群的建设，发挥其在环境宣传教育的技术优势，为环境公众参与提供更多宣教产品；另一方面，以制度的形式规定高校开设生态文明教育必修课和选修课的课时，通过政策支持高校学生环保社团开展各项环境保护和生态文明教育公益活动，普及环保知识和技能，并广泛辐射到社会。

④ 高校生态文明教育评价制度。法律制度具有评价人行为和工作效果的功能，人一旦进入法律制度的评价范围就应该遵守其规定的行为标准，如果不受其制约必将受到一定惩罚。从法律经济学角度，法律对于实施效果的精确评估至关重要，关涉从投入到产出的

---

① 李汉龙．广东省环境教育政策执行研究［D］．广州：华南理工大学，2013.
② 时军．环境教育法研究——以完善我国立法为目标［D］．青岛：中国海洋大学，2009.

整体政策考量。应在环境教育法及其实施细则中规定包括高校生态文明教育的重视度、环境宣教工作人财物投入和绩效产出、教育内容、环境教材、师资、公众环境素养评价，以及绿色供应链信息、生态文明教育助推环境治理的效果等在内的评价指标体系，明确评价的主体、评价的程序、评价的期限、评价结果的运用等细节。通过定期的评估体现不同地区，不同单位生态文明教育的优劣，为高校生态文明教育政策决策和表彰奖励、惩处提供科学的依据。

第三节　培育高校可持续的生态文明意识

当前我国生态文明建设步入压力叠加、负重前行的关键期和攻坚期，如何提供更多优质生态产品以满足人民日益增长的优美生态环境需要，成为新时代中国特色社会主义建设需要解决的主要问题之一。从高污染、高消耗的传统工业化模式向人与自然协调发展的生态文明模式转型，要求大力推进生态治理现代化，推动形成人与自然和谐发展的现代化建设新格局，而这亟待全社会弘扬绿色发展理念，树立山水林田湖是一个生命共同体的理念，增强公众生态责任意识。公民生态文明素质和意识的提升，是实现生态治理公共领域的协商共治和社会参与的必要前提，也为高校思想政治教育现代化和改革创新提供了重要契机。要加强对广大人民群众的舆论引导，大力倡导生态伦理和生态道德，提倡先进的生态价值观和生态审美观，加快建立健全以生态价值观念为准则的生态文化体系。因此，以多渠道多形式推动生态文明教育内容和形式的创新发展，丰富和完善生态文明教育体系，提升大学生生态文明意识，为中国特色社会主义现代化强国培养具有生态环境知识、生态保护意识、生态伦理理念的建设者和接班人，是高校思想政治教育现代化的应有之义。

一、增强生态文明意识教育

大学生是现代社会环境的行为主体，也是未来社会环境的行为主体，都有其特定的主体性；在教学过程中大学生是受教育者，所以他们是知识的接受者。大学生的行为意识是外化意识的概念。"内化"和"外化"是一个双向互动和加强因果相互作用的过程。生态和谐"内化"可以加快对应的"外化"，"外化"后的对象生态和谐又进一步推进"内化"，在主体心理使得生态和谐从临时的偶然性存在变为稳定必然性存在。所以形成"内化－外化"周期，起伏相连螺旋上升。同时，高校伴随着生态和谐是一个进步，并且接近于生态和谐素养的目标。

"新生活有新主张，节能环保最时尚；资源危机警钟响，环境污染雪上霜；物力维艰要开源，合理节流需提倡；小处着手出奇招，绿色家园保健康。"[①]在保护环境方面，大学生可以从自我做起，比如在节水方面，我们在涮拖把时准备水桶就可以避免用流水造成的浪费；暖壶中的水凉了我们可以用来擦桌子拖地，这样就可以变废为宝。在节电方面，日

---

① 张照青. 日常节能环保必读［M］. 北京：人民出版社，2005：78.

常生活中，白天就关掉寝室的照明灯，电脑不需要时可以选择关机，电源不充电时选择关闭状态。

同时高校可以以"立足校园、支持环保、面向社会、回馈自然"为根本宗旨，组织开展大学生志愿服务，在重要环境节日开展节能宣传竞赛、大学生水文化艺术节、碳足迹、地球一小时、大手牵小手环教、环保调研、环保下乡等活动，并通过实践调研、环保知识普及宣传、环保知识竞赛、环保手册发放等形式开展丰富多彩的环境保护宣传教育。

在生态文明建设刚刚起步的今天，确实存在一些复杂的问题，而参与生态文明建设最好的方式就是鼓励大学生"不以善小而不为"，养成环保习惯，齐集每个人的细小力量就可以完成"绿社会"的梦想。从自己开始，从现在入手，遵循生态理性做一个"生态人"。

二、运用新媒体开展生态文明宣教

随着时代不断地发展，互联网成为新兴的信息传媒方式，成为大学生获取知识和信息的一条主要渠道。高校生态文明教育也应该顺应时代不断创新，探索运用网络新媒体来提高高校生态文明教育的感召力和渗透力，能进一步提高高校生态文明教育的实效性。

1. 建设高校生态文明教育的主题网站

随着网络对大学生影响的与日俱增，高校对大学生进行生态文明教育方面，应该与网络充分结合起来。建设高校生态文明教育的主题网站就是对高校作生态文明教育知识和信息传播的重要途径之一。

首先，建设高校生态文明教育的主题网站必须具有明确的指导思想和工作原则，在面向全校师生传授多方面、多角度并且积极向上、文明健康的生态文明知识的同时，严格把控网站的发展导向，对于有害的反动言论及时进行纠正遏制。其次，建设高校生态文明教育的主题网站需要政府和学校的大力支持。政府应该出台相应的政策对高校生态文明教育主题网站进行规范，并且扶持各所高校的生态文明教育网站，对其他高校以起到良好的带动作用。高校对于生态文明教育网站的建设应配备专门从事环境方面工作的人员或者与环境相关专业的教师和优秀学生来指导网站的建立，对网站的建设和活动给予充分物力财力支持，保障网站的硬件软件设施建设和后续发展的经费。最后，在网站的形式上和内容上加以完善。对网站的形式可以采取简洁、干净的风格，搭配一些引人耳目的小动画或小短片来增加学生的兴趣，建立能与学生实时互动的平台，在及时把握学生真实想法的同时，还能根据学生提出的建议对网站进行调整。网站的内容要具有时效性和导向性，对网站信息进行及时更新，在学生获取网站信息的同时引导学生增强保护环境的责任感，加强生态文明意识和素养。

高校生态文明教育主题网站的建立打破了以往高校生态文明教育受时间空间的限制，使得受教育者从被动接受变成主动了解，不仅充实了高校思想政治教育的内容和资源，而且推动了我国生态文明建设的发展步伐。

2. 开办网上生态文明教育课堂

伴随着信息技术的不断发展，网络技术也进一步被引入到高校教学当中，推动了网络课堂的实现。网络课堂是利用互联网为媒介，教育者对受教育者进行知识传授、资源共享、信息传递等行为的一种新兴教学方式。开办网上生态文明教育课堂在提供传统课堂外丰富多彩的生态环境资源和信息，不仅可以改变以往学生被动学习生态文明知识状态，同时可以激发学生对生态文明、环境保护的兴趣。

建设网络生态文明课堂，首先就要对网络课堂有一个准确的定位。高校生态文明教育网络课堂不仅是大学生学习生态文明、环境保护知识的渠道，同时也是师生间交流学术的平台。网络课堂的建设要严肃中不失活泼，既要注重表达方式的全面多样性，又要注重以丰富的内容和知识点来吸引学生的注意力。其次高校生态文明教育网站的建立要具有鲜明的马克思主义立场和观点。具有正确导向性的网络课堂才能引领学生真正地在课堂中学到知识，掌握技巧。对于学生的疑问也要及时地给予帮助，推动学生树立正确的人生观、世界观和价值观。最后对高校生态文明教育网站的课程进行合理安排。提前把课程时间、课程资料等信息放在页面上，给学生留有充分的预习时间，给学生留有足够的时间来解答疑惑。建立师生之间、学生之间互相交流的平台，利用网络技术对教学状况进行适时监督，对教师进行评价，对学生进行考核。

3. 运用其他媒体发展生态文明教育

由于网络具有平等性、自由性、交互性、隐蔽性、持续性等特点，在网络世界中，人们更能真实地表达自己的情感和想法。正因如此，越来越多的大学生更愿意通过网络来解决自己的问题。高校生态文明教育的发展可以借助大学生对网络越来越依赖的现状以及网络所具有的隐蔽性、自由性和交互性等特征，通过微博、QQ、朋友圈、公众号、豆瓣、天涯社区、BBS 等常见的形式交流沟通。例如，"生态文明清华园"就是由清华大学"绿色大学"办公室建立的公众号，公众号不仅有与生态文明相关的讲座，同时还有环保电影和环保书籍的推荐。运用其他媒体发展高校生态文明教育改变了传统教育者和受教育者之间信息传递和接受的方式。这种新兴的沟通方式增加了教育者与受教育者之间的交流，避免了人与人面对面交流的尴尬和局促。运用网络媒体进行高校生态文明教育使受教育者更能真实地、毫无顾忌地表达自己内心的想法，使教育者能真正了解受教育者的真实想法，从根本上解决受教育者面对的问题，增加高校生态文明教育的实效性和针对性。运用其他媒体进行高校生态文明教育也是创新高校生态文明教育的一个重要方法，在引导学生学习和探讨有关环境保护和生态建设等知识的学习中，激发学生的生态责任感，培养学生的生态素养和生态道德，养成良好的生态文明意识观念。

三、加强高校环保社团建设

高校社团是高校进行思想政治教育一个重要的渠道，对于大学生思想政治教育具有重要的辅助功能。加强大学生环保社团建设，是高校生态文明教育课堂外的实践教育补充，与课堂教育的相互配合能在增长大学生生态文明知识的同时，培养大学生生态文明意识、养成生态文明行为。

1. 加强高校环保社团制度建设

（1）将高校环保社团与高校生态文明教育充分结合，使得课堂教育与实践教育相互协作。高校可以建立环保社团和环境专业相关之间的学科合作和沟通机制，来共同开展高校生态文明教育。高校环保社团作为高校生态文明教育的重要途径，是高校生态文明课堂教育外的课外实践补充。为了使环境保护理念能真正地被学生理解，高校应将课堂所传授的生态文明知识与环保社团所开展的生态文明活动沟通协调，整合互补，来提高高校生态文明教育的实效性和针对性。高校还可以通过成立专门的环境教育办公室从制度、建设、管理、经费等方面来帮助和指导环保社团的发展，为环保社团的发展提供有力支撑。环保社团在高校生态文明教育中发挥作用，还离不开诸如学校的后勤部门、学校教务处等部门的相互合作。有了校级部门的支持和扶持，才能更大地发挥环保社团的作用。

（2）为高校环保社团的发展提供资金供给和人才培养，夯实环保社团发展基础。高校可以对环保社团进行有效的资金管理，同时制定更加灵活有效的资金募集制度。在高校允许的范围内，与企业和社团合作是可以达到相互促进、共同发展的目的的。例如，长沙环境保护职业技术学院的新芽环保协会，成立二十几年来，一直与湖南的环保企业特别是校友创办的环保企业开展合作交流，定期邀请环保企业的校友、骨干、技术专家到协会进行指导和交流，协会也经常组织活动到企业去实地调研，还经常和企业联合开展环保主题宣传与教育，形式多样，成效很好，该协会也被评为湖南省百佳社团。高校社团管理人员还要建立高校环保社团与其他组织的交流机制，提高环保社团成员的素养，为环保社团今后的发展打下夯实基础。

2. 加强高校环保社团队伍建设

高校环保社团的队伍建设能够很大程度地提高高校环保社团的办事能力和水平，增加高校环保社团的实效性和针对性。高校环保社团的队伍建设主要分为领导干部的培训、建立专门的专家团及顾问团、加强环保社团成员的环境素质教育三部分。

（1）对高校环保社团的领导干部进行培训，提高其领导能力和带头作用。一个好的领导是一个社团发展的关键因素。高校环保社团的领导干部对社团成员的精神风貌、意识形态、价值观念等有重要的影响力，因此必须建立对高校环保社团领导干部的培训、选拔和任用等一套严格的机制体系。高校环保社团的领导干部一般都由在校学生担任，因其学生身份决定了其在环保社团担任领导干部的时间最多只有 4 年，特别是高职院校学制更短。所以，高校应针对环保社团领导干部在任时间短、任务重等问题，作出详细的计划进行科学地、有针对性地培训和培育，增强其领导能力和水平，发挥其带头作用，为高校生态文明教育做贡献。

（2）建立环境保护专家团及顾问团，完善高校环保社团的组织构成。一方面，高校环保社团的管理者一般由学校的校团委或学院的院团委老师担任，而这些管理者大多负责的社团较多，所以在组织和管理中缺乏针对性的方法和策略。甚至有些社团单靠学生自己管理，社团管理者的角色已经弱化。另一方面，很多高校环保社团开展的活动都局限于学校内，缺乏社会上参与环境保护相关活动和具有相关经验的人员的专业指导。高校应聘请学校环境保护相关专业的专职老师以及校外与环境保护相关的人士作为社团顾问来完善高校环保社团的组织构成。

（3）加强高校环保社团成员的环境素质教育。在高校环保社团中，社团成员占绝大多数，是社团活动发展决定因素。对环保社团成员的培养是社团得以发展的前提和基础。

由于社团成员来自不同的地域，有着不同的风俗习惯，在高校也是来自各个学院中不同的专业，他们环境素养、环境知识、环境意识等也不尽相同。对高校环保社团成员开展的环境素质教育不仅包括环境知识、环境意识，还需要培养高校环保社团成员的技能、态度、参与能力、活动组织能力等。

3. 加强高校环保社团多元化活动平台建设

（1）构建本校环保社团与其他高校环保社团的合作平台。现如今，各个高校基本都设立了关于环境保护的社团，高校与高校之间的环保社团也应该建立相应形式的联盟，例如，2012 年 4 月 21 日在湖北科技学院举办的高校环保社团交流会就有来自青岛大学绿友环境协会、安徽理工大学大学生绿色协会、湖北师范学院地理科学系团总支组织部心环大队、湖北民族学院环境保护协会、武汉铁路职业技术学院青年志愿者协会环保部、湖北师范学院绿源环保协会、中国地质大学（武汉）大学生绿色协会、中南民族大学绿色环保协会以及武汉工程大学碧源环境保护协会等九所高校环保社团的参与。交流会在充分展现各个协会特色的同时，相互交流了宝贵的经验，资源集合，协调统一，在吸取其他协会宝贵经验的同时，又能真正认识到自己协会在工作时的不足之处。高校环保社团之间的相互合作对各个高校环保社团的发展以及高校生态文明教育的发展都具有很重要的推动作用。

（2）构建高校环保社团与当地政府环保部门的合作平台。通过调研分析，对于当地政府近五年来所进行的环保工作，占到 57.2% 的学生认为当地政府工作忽略了环境保护，对环境保护的重视度不够。高校环保社团都面临着活动经费有限、环保活动影响力低等局限，而政府的环保活动也面临着群众参与度不高、积极性不够、人员储备不足等现象。构建高校环保社团与当地政府环保部门的合作平台在为高校环保社团提供充足的资金支持的同时，当地政府的环保行动也得到了充足的人力资源，提高了办事效率。高校环保社团与政府的合作能够取长补短，各自发挥优势，增加公众的参与性、唤醒公众环境保护意识的同时，实现了共赢。

四、提高高校教师生态文明教育水平

教师队伍建设是高校生态文明教育工作永恒的主题，是专业建设、学科建设的重要内容，是提高高校教学质量的重要基础。高校生态文明教育应当站在坚持和发展中国特色社会主义事业、实现中华民族伟大复兴的战略高度，突出问题导向，加快完善生态文明教育内容体系、教材体系、方法体系，实现高校生态文明教育的常规化、系统化、信息化，不断推动大学生生态文明的价值认同、道德内化与实践养成。当前，高校发展中遇到的生态文明问题是一个复杂的社会问题，涉及政治、经济、文化、法律、科技等多方面，要求教师在对学生进行生态文明教育时要精通生态文明问题发生的发展背景、产生根源，从社会、政治、经济、文化、法律、科技等众多方面全面剖析生态问题产生的根源、主要危害、治理措施等，对教师的专业性要求也越来越高。而专业的教师应该具备专业的功能与伦理、专业的知识与技能、专业的自主、专业的训练和资格、专业的组织或团体、专业的地位。① 农林类院校较之师范类院校和其他普通高校生态文明教育师资相对充沛，但也应加强对教师的再培训和深造，提高其专业性。而师范类和其他普通高校在当前生态文明教育专业师资不足的境况下，应广开进贤之路，充分利用社会教育资源，通过向社会公开招聘、引进等方式吸纳高层次人才，扩大专业师资，充实生态文明教育教师队伍。具体可以从以下方面努力：

1. 增强高校生态文明教育的师资队伍规划

《关于加快推进生态文明建设的意见》提出，要积极培育生态文化、生态道德，使生态文明成为社会主流价值观，成为社会主义核心价值观的重要内容；《全国环境宣传教育工作纲要（2016—2020 年）》强调，到 2020 年，全民环境意识显著提高，生态文明主流价值观在全社会顺利推行。要实现高校生态文明教育的变革，迫切需要增强高校生态文明教育师资队伍的整体化建设，推动专业教师、科研团队、辅导员系统、社团管理人员、宣传骨干队伍的集体培训和联合教育，形成高校生态文明教育的整体合力。一方面，应依托高等院校环境类学科和思想政治教育学科的专业建设，加强双方专业教师和科研团队的协力合作，解决环境治理和生态教育的专业理论问题，培养高校生态文明教育的专业师资队伍。另一方面，需要加强对辅导员系统、社团管理人员、宣传骨干队伍进行生态文明知识、政策、观念的集体培训，同时需要加强专业教师和宣传队伍的交流沟通、合作互动和联合教育。唯有如此，才能形成高校生态文明教育的整体合力，真正建立起以生态文化为核心的文化体系，最终确立大学生的生态文明思维模式、文化范式、生活方式和行为模式。

2. 加强生态文明教育教师队伍专业化建设

从教师本身来讲，应该有意识地加强生态专业学习和生态道德修养。"学为人师，行为示范"是教师的基本价值追求。教师一定要把教书放在首位，要想给学生一杯水，自己首先要有一桶水，这就需要教师具备深厚的生态知识技能。同时教师也要加强自己的道德修养，以自己的人格魅力教育影响学生。作为指引学生健康成长的具体的实施者，教师是实现高校生态文明教育过程中的一个关键环节，因为教师是学校发展理念具体实施者，他们的生态文明状况直接影响学生的生态文明水平。

（1）将生态文明教育纳入教师队伍的建设，对教师开展各种形式的生态文明教育培训。考虑到教师对学生环境道德的影响，应该把生态文明教育作为教师队伍建设的重要内容，可以采取专业的培训对教师职前、职中和职后进行生态文明教育，给教师讲授一些区别于生态文明常识的专业知识，并组织专门的研讨会让教师们对生态文明知识的教学内容和形式进行探讨，以提高教师的生态文明教育能力。

在教学内容上，教师可以传授与实际生活密切相关的知识，并适当减少过于宏观和理论的专业知识。对生态文明教育的目的是提高学生的生态文明意识，使其转变为实际行动，而不是环境专业教育。在教学内容中穿插唤醒理论，适应水平理论和行为背景理论等生态环境理论的介绍，使学生在获取知识的同时切身感受到环境影响人，让学生更生动、

---

① 石中英. 公共教育学 [M] 北京：北京师范大学出版社，2008：198 – 199.

具体地意识到良好的环境对人们的身心健康和社会互动的巨大作用。生态文明教育的最终目的是使学生的"自我"逐渐从其以自我为中心的人与环境的关系中分离出来而合并到环境中，使"自我"成为环境的一部分，让学生从"我保护环境"变成"我是保护我自己的环境的一部分"。在教学形式上，注重教学形式的多样性。一是激发学生的主动性，除了传统"老师讲，学生听"的教学模式外，老师还可以组织案例研究、小组讨论、角色扮演游戏及户外教学等形式。二是注重情感教学。心理学家研究表明，那些主要接受情感信息的人，比那些主要接受逻辑信息的人，在行为上更容易受到信息的影响。三是具体案例法，影像资料法等。社会心理学家研究表明，事例越生动形象，其说服效果越好。香港地球之友总干事吴方笑曾通过一罐可乐和一个汉堡包的生产流程来让孩子知道，好吃的背后是要付出怎么样的能耗和环境代价。该案例所涉及的生态环境更符合现实环境问题的特点，也符合当代大学生的环境知识现状，对提高大学生综合分析能力十分有益。

（2）积极开展教师的环境考察与参观活动。高校生态伦理道德建设是一项综合性工程，而生态科学知识也具有很强的综合性。他们分布在各种学科知识中，这决定了教师在教学过程中要发挥自己的特点，通过自己丰富的专业知识积累，运用学科渗透的形式从不同角度不同侧面渗透生态文明教育的内容，正确引导学生积极思考问题，使生态文明教育有各自的学科特点，以此发挥学科教学在校园生态伦理道德建设的主渠道作用，全面培养大学生生态文明意识。组织教师对环境的调查和访问有助于教师对环境状况的正确认知，使教师能够把对环境的情感发自内心地落实在教学过程中，并能结合自己的亲身体验为学生讲解课堂上所触及的生态知识，使学生更好地掌握所学的内容，为生态文明教育效果更好地实现奠定了基础。

第四节　创建"绿色大学"

大力推进生态文明教育是高校思想政治教育绿色化的内在要求。党的十八大提出，要树立尊重自然、顺应自然、保护自然的理念，把生态文明建设放在突出地位，融入经济建设、政治建设、文化建设、社会建设各方面和全过程。党的十八届五中全会进一步把"绿色发展"确立为五大发展理念之一，以"绿色化"统领"五化"建设，开启了经济社会模式的新方向。党的十九大报告进一步指出，生态环境质量问题已经成为满足人民日益增长的美好生活需要的主要制约因素，要开创绿色学校行动，牢固树立社会主义生态文明观。生态文明是中国特色社会主义事业的重要内容，事关"两个一百年"奋斗目标和中华民族伟大复兴中国梦的实现。高等学校承载着科学研究、文化传承、人才培养、思想文化建设等重要使命，在国家生态文明建设尤其是生态文化建设中具有不可推卸的责任。因此，高校思想政治教育绿色化、生态化是新时代中国特色社会主义教育发展的必然趋势，大力推进生态文明教育、塑造具有高度生态文明意识的当代大学生，是高校思想政治教育绿色化的内在要求①，这样才能积极主动承担起培育生态文化和生态价值观的重要

---

① 曹国永．以习近平生态文明思想引领绿色大学建设［N］．光明日报，2018－08－06．

使命。

高校是培养社会主义事业接班人和建设者的重要阵地，对学生科学素养、人文精神和环境素质的培养极为重要。对传统大学办学理念的改革创新能更好地应对时代的变化和社会的发展。在党的十九大报告中，习近平总书记对推动绿色发展又作了重要论述。2001年，中共中央宣传部、国家环境保护总局、教育部联合颁发了《2001—2005年全国环境宣传教育纲要》，其中提出，全国高校要基于国际环境形势以创建"绿色大学"为目标创建活动，建成绿色教育环境，发展绿色技术。在注重绿色发展的新时代，建"绿色大学"有利于树立高校绿色教育理念、形成绿色校园生活方式、把当代大学生培养成"生态人"。教育是社会进步、振兴民族，促进人全面发展，全面提高人的综合素质的重要举措，对复兴中华民族具有重要意义。形成绿色生态育人环境，培养生态人，是这个崭新的时代赋予我们的新使命。随着全球环境问题的日益严重，创建"绿色大学"成为诸多高校改革创新的新潮流。

一、营造和谐教育氛围

"绿色大学"中的"绿色"表明了人、教育、社会、自然四者的和谐关系，所谓"绿色大学"哲学内涵就是围绕教育这一中心环节，将中国传统生态哲学教育思想和西方生态哲学教育理念融汇到大学的各项实践活动中。因此，"绿色大学"的哲学内涵也是兼容并蓄东西方思想，根据中国特色社会主义的具体实践，不断在实践中完善和发展的。"绿色大学"汇集了中国优秀传统生态教育观。例如，儒、释、道三者的生态哲学教育观和中国传统书院情怀。"绿色大学"的教育观是秉人之道，学之方，形成符合当代社会实际包含有教无类和因材施教朴素思维且又有科学哲学内涵的方法论。"绿色大学"不仅是传授知识的地方，更是培育德行的场所，其蕴含着知识和德行。在现代高等教育条件下，运用科学的教育方法实现有机统一，培育出适应社会要求又超越其本身的兼具生态思维的知行合一的人才。"绿色大学"吸收了西方生态哲学教育理念。"绿色大学"哲学内涵是人类中心主义教育观，动物中心主义教育观，和生态中心主义教育观，在其批判基础上在中国的理论运用。"绿色大学"培育的人，具有人文情怀，从人的本质出发，去认识世界和改造世界。"绿色大学"以环境保护和可持续发展为指导，倡导人与人，人与社会和谐共生的生态理念，其绿色植被和动植物栖息地建设、符合动植物道德伦理标准体系，在此形成校园生态文明和校园动植物文化，落实以人为本，营造动植物生态链和谐的教育环境和教育场所。潜移默化中形成绿色生活方式、形成探究有生态科技科研主题的大学科研环境，促成创新驱动，引领社会绿色发展。"绿色大学"是马克思主义生态观和中国特色社会主义思想，特别是其中蕴含的生态教育思想的积极实践。创建"绿色大学"秉承人的全面发展思想和人与自然命运共同体思维，在此基础上形成绿色教育、绿色校园、绿色文化。这要求大学把生态保护、生态建设、绿色发展的思维理念汇入日常教育科研实践中，来重塑学生的生态知识架构。高校在此基础上制定生态规划，设置生态课程，构建环保、低碳的生态校园。综上，"绿色大学"以马克思主义自然观和中国特色社会主义理论为指导，实行绿色教育、建设绿色校园、营造绿色科学研究、践行生态化管理生态综合型大学。

　　"绿色大学"的创建首先就是要营造一个有益于大学生全面发展的和谐局面，而协调和谐的校园环境需要从校园建设和班级建设两方面共同努力。建设和谐的校园，首先要重视良好的校风建设。良好的校风作为一种精神力量，对于学生的身心成长和受教育过程都具有特殊的意义，能起到熏陶、感染、影响学生学校生活的作用。其次要创新校园文化环境。营造有利于改革和创新的校园环境对提高大学教学水平、管理能力、精神动力等方面都起到了重要的促进作用。校园文化建设即包括校园建筑、校园绿化、校园布置等外部环境，也包括社团活动、演讲讲座、社会实践等校园思想文化范畴。即对大学生外在行为产生一定的影响力，又对其培养健全的人格、丰富的业余生活有一定的促进作用。再次要提高教师人格魅力。高校对于学生的培养更注重技能和思维，强调培养学生的自主学习能力和开放创新的精神。这就对教师有了进一步的要求，在懂得学生、理解学生、尊重学生的同时多听取来自学生内心的"心里话"。改变以往教师只管讲，学生只管听的被动局面，将学生真正带入到教育教学。最后高校领导干部也要积极参与到和谐校园建设中来。高校领导干部应积极鼓励教师和学生多提对校园建设和发展等方面的意见和建议，创造条件与教师和学校开展交流，多听听来自教师和学生的"心里话"，使学生内心产生"主人翁"意识，共同制定校园环境和发展规划，例如，校园绿化、节约水电、垃圾处理、垃圾分类等方面，让学生在参与校园发展规划中增强环境保护意识，提高学生的生态素养，形成高校领导、教师、学生和谐融洽的局面。这种积极乐观、健康向上的和谐氛围，使得学生能更积极地参与到校园建设和发展中，关注环境问题，培养环境意识，从而促进"绿色大学"的建设和发展。

　　除了营造绿色校园环境外，还要对校园设施有合理的规划。校园教学设施、公共设施都要适应网络化，与时代发展相适应，体现现代化和国际化。在确保校园教学设施充分合理利用的同时，合理规划校园公共设施的建设。通过现有的校园环境和条件，对校园设施进行合理规划、科学构思、精心设计，增加校园绿化面积，创造优美的学习、工作和生活环境，充分体现"绿色校园"理念。还可以成立专门的绿色校园管理委员会作为保障。高校可以由校领导亲自带队，组织教职工和学生一起参与到绿色校园管理中来。高校绿色校园管理委员会要增强校园环境保护的管理制度，通过增加环境保护的奖惩制度、举报制度以及舆论宣传制度等方式对高校教职工和学生的环境保护进行监督。同时，高校可以成立专门的节能减排管理委员会，与学校后勤等相关部门相互协作，积极配合绿色校园管理委员会的工作。

二、渗透绿色教育理念

　　"绿色大学"的创办，关键是要渗透绿色教育的理念。实施绿色教育就是要在全校师生员工中树立环境保护和可持续发展意识，将这种全方位的意识教育渗透到自然哲学、技术哲学、人文和社会科学等综合性教学和实践环节中，使其成为全校学生的基础知识以及综合素质培养要求的重要组成部分，从而培养各学科的高层次人才具有环境保护意识和可持续发展意识。① 绿色教育的渗透主要从两个方面进行，一方面从高校课堂教育着手。通过调研可以看出，在高校环境保护方面的必修课和通识选修课，以及大学生思想政治理论课中涉及的环境保护和生态文明知识还不够全面。高校应在课程设计中，将环境教育和可持续发展观融入各个专业和各个学科，提高大学生的绿色意识和绿色素养，增加学生的环保知识和环保技能。对于涉及不到的专业和学科可以采取公共课的形式进行培养，以学分制记录学生档案。绿色教育渗透的另一方面就是实践教育。在课堂教育中向学生传授生态文明知识和环保技能的同时，还需要课外实践增加大学生对绿色理念的亲身体验。例如：组织学生开展有关环境保护为专题的科研活动；在每年的世界地球日、世界环境日、世界水日、世界无车日等有关环境保护纪念日的宣传教育活动；在校园内建立生态环境实践园地等。环境教育作为一门内容涉及面广且分散的学科，仅仅依靠课堂教育的传授还是不够的，需要与实践教育相结合。这样在课堂上学到的知识在课外实践中得到运用或补充，通过课堂教育和课外实践的相互发展，能够提高环保兴趣、加深环保知识、培养环保意识，进而使高校生态文明教育更具有实效性和针对性，真正做到学以致用。

还可以在可持续发展的范畴内展开相应的绿色科研项目。通过开展绿色科研项目来促进科技产品在环境保护方面的转化和应用。最后要培养绿色校园文化。各个高校可以通过环境保护或可持续发展的公益活动、演讲、宣传、竞赛等方式来吸引高校学生对环境保护的关注。

三、构建新时代"绿色大学"管理体系

新时代，新媒体对高校生态文明教育产生了巨大的影响，高校必须根据新媒体带来的变化以及新媒体的传播规律与特点创新生态文明教育，以创建"绿色大学"为目标，创新生态文明教育机制是迎接新媒体时代的挑战、提高高校生态文明教育质量的根本途径。因此，新媒体背景下的高校生态文明教育应实现对管理机制、参与机制、激励机制与评价机制的创新，实现我国高校生态文明教育质量的全面提升，为实现我国生态文明社会建设的目标贡献一己之力。

1. 创新"绿色大学"的管理机制

我国高校生态文明教育起步较晚，经过多年的发展取得了一定的进展与成效，大学生的生态文明素养也在逐年提高，但是从实现生态文明社会建设目标的要求来看，还存在着不小的差距。② 从总体来看，生态文明教育工作的实效性不强，其中管理机制不健全和管理理念落后是造成这一现状的主要原因。为此，保障高校生态文明教育质量与效果的一个基本要求便是创新"绿色大学"管理机制。

（1）要构建创建"绿色大学"的组织结构。通过认真贯彻落实生态文明教育的决策，做好生态文明教育工作安排部署，才能保证生态文明教育的效果与质量。各高校应根据本校的实际情况，设立专门的生态文明教育和管理办公室以整体安排、部署、指导和负责学

①　王志华，郑燕康. 清华大学创建"绿色大学"的探索与实践［J］. 清华大学教育研究，2001，01：83 - 86.
②　王甲旬. 生态文明教育的新媒体途径研究［D］. 武汉：中国地质大学，2016.

校的生态文明教育工作。建立健全生态文明教育领导责任制，将各个部门、学院、系部的生态文明教育工作落实到责任人，定期组织各级机构学习中央有关生态文明的最新精神，落实党中央对高校生态文明建设提出的要求，形成符合生态文明建设发展要求且与现有学校教育体系协调统一的生态文明教育体制。

（2）要完善专业人才引进及管理机制。我国高校生态文明教育工作的实施和发展与强大的师资队伍密不可分，我国高校生态文明教育的起点较低，与世界先进国家相比还有很大差距。因此，可以邀请从事生态文明研究的高层次、稀缺的人才来指导我国各高校的生态文明教育工作，构建高水平的生态文明教师团队。打造符合生态文明教育要求的高水平的师资队伍可以从以下几个方面入手：首先，加强对师资队伍的培训。高校可以定期组织教师开展生态文明素质培训、邀请专家来给教师进行生态文明专题知识讲座，注重对教师生态文明专业知识、生态文明观念与意识、生态文明文化等的培养与训练。[①] 其次，还要注重对教师进行网络知识、计算机技术的专业培训，增强教师运用新媒体的实践操作能力。最后，要出台相应的政策与管理规章制度，要求教师将新媒体与生态文明教育有机结合，鼓励教师对基于新媒体的生态文明教育目标、教育内容、教育方法、生态文明实践教学内容、实践教学方法以及考评标准等进行深入研究。

2. 创新高校生态文明教育的激励机制

目前，我国高校生态文明教育的现状不尽如人意，这与学生的参与意识较低、教师的责任感较弱、自觉积极参与生态文明教育的内在动力尚未激发密切相关。因此，创新高校生态文明教育的激励机制对于推进生态文明教育具有重要的现实意义。

要建立科学公正的生态文明教育考核表彰机制，首先，要开展教师考核奖励工作。教职工考核奖励工作是有效开展生态文明教育工作的一个重要环节，绩效考核奖励机制的实施、外出进修学习机会的提供、政策上的倾斜，有利于教师的主观能动性、积极性得到充分发挥，也有利于激发教师提高生态文明教育教学水平的自觉性以及投身生态文明教育教学改革的积极性。对于生态文明教育工作开展得好、取得显著效果的学院与部门，可以通过奖励、表彰、评优评先的方式对其进行激励，同时可以邀请生态文明教育活动开展得好的部门以召开生态文明教育经验交流座谈会等方式激励其他学院与部门向其学习。其次，要开展学生考核奖励工作。学校要出台文件对大学生参与生态文明教育课堂及活动的考核、评比表彰有明确规定的制度文件。将大学生参与生态文明教育活动的表现纳入大学生个体素质评价和学业成绩评价，并建立相应的奖惩机制。最后，政府应颁布相应的规章制度、采取相应的管理办法以激励高校积极贯彻落实我国生态文明社会建设的目标，激励高校以及个人积极进行生态文明的教育与学习。政府作为我国高校的主要举办者与管理者在高校的教育活动中扮演着重要角色。[②] 新媒体背景下的高校生态文明教育激励机制的创新有赖于政府的宏观管理与引导。从政府层面而言，奖惩机制是政府参与新媒体视域下高校生态文明教育的重要手段。政府通过对高校生态文明教育中的教育主体与客体的行为表现和效果，对其依据事先制定的政策制度进行赏罚以达到激励教育主客体积极参与到生态文

① 路琳，屈乾坤. 试论高校生态文明教育机制的建构 [J]. 思想教育研究，2015（6）：40-47.
② 何显明. 政府角色转型与生态文明建设的路径选择 [J]. 中共浙江省委党校学报，2010（9）：8-12.

明教育活动中来的目的。政府可以对在高校生态文明教育工作中作出突出贡献的单位与个人给予表彰，对作出重大贡献或者表现特别突出者给予资金支持，而对于表现较差甚至是出现重大问题的单位与个人给予通报批评、惩戒，由此起到奖优罚劣的作用。

3. 创新高校生态文明教育的参与机制

充分运用新媒体的优势，扩充生态文明教育参与的范围与渠道。新媒体由于高度的社会化，使人与人之间能实现跨时空的无缝链接，能有效保障大家参与到生态文明教育工作中来。通过对新媒体的运用，可以设置当前热门或者大家感兴趣的生态文明话题，实现议程的设置。这种设置可以使这些话题通过实时提醒、滚动播放的方式不断出现在广大师生的视野中，通过这种不断循环的方式让生态文明的相关知识和理念等深入师生内心深处，获得持久的影响力。

加强高校校园网络建设，搭建生态文明教育平台。可以将生态文明教育网站挂在学校学工部或者团委的网站上，也可以为此设立专题，根据生态文明的实时发展设立专题网站。目前，大部分高校网站建设存在的问题是内容单一、更新缓慢、形式低调，难以吸引大学生注意力。因此，应当注意坚持在生态文明核心价值体系的指导下，将教育内容多样化、丰富化、立体化、形象化，确保教育内容贴近大学生生活以引起学生的共鸣，及时更新网站内容，增强网站对学生的吸引力和凝聚力，发挥生态文明教育网站对学生的教育作用。可以设立专题讨论论坛，让学生针对当前的热门问题如自然资源、环境保护、生态文明等畅所欲言，自由发表言论，在此过程中，教师也应积极参与，适当引导。构建生态文明电子校园。电子校园是生态服务型校园的内在要求，电子校园是指高校内部在电子化和自动化技术的基础上，利用现代信息技术和网络技术，建立起网络化的高校信息系统，并利用这个系统为全校师生提供方便、高效的服务和各类信息。①

4. 创新高校生态文明教育的评价机制

评价机制是检验高校生态文明教育实施效果的有效工具，通过评估信息的反馈，根据生态文明教育的目标要求，改进和完善生态文明教育工作。我们要结合生态文明教育变化的情况，改革现有的生态文明教育评价体系，将生态文明教育纳入评价体系中，注重生态文明教育评价主体的全面性以及评价方法的多样化，以适应新媒体环境的要求，科学、有效地发挥评价机制的作用。

（1）要实现评价机制的内部机制与外部机制的结合。内部评价机制主要是指由高校内部组织的评价机制，主要负责监督、检查和评价高校各部门、教学团队和教师的生态文明教育实施情况。内部评价机制主要包括评价实施机制、评价指标体系、评价反馈机制等。外部评价机制主要由高等教育部门、社会组织等构建而成，构建大学生生态文明教育评价体系必须整合评价的内外部机制。②一方面，要依靠外部评价机制的强制力和权威性，通过监督、评估和检查，促进大学生生态文明教育评价体系和机制的创新；另一方面，利用内部评价机制的灵活性和多样性，根据不同层次、不同部门的特点，探索符合其生态文

①　姜树萍. 高校生态文明路径探索［J］. 教育与教学研究，2011（4）：35 – 42.
②　卢维良. 网络环境下大学生生态文明教育的路径探析［J］. 科教导刊，2014（12）：22 – 28.

明教育评价的体系，构建灵活多样的标准和操作程序。

（2）要实现评价过程的动态与静态相结合。大学生生态文明教育的长期性和效果滞后性决定了生态文明教育评价具有动态性。大学生生态文明教育是一个不断发展和完善的过程，其社会效应是一个逐步显现的过程，这就决定了生态文明教育的评价是动态的、发展的。而就目前而言，我国高校生态文明教育的评价往往注重更多的是静态评价，仅对近期的、当下的开展情况进行评价，而对于需要长期的追踪、观察、反馈才能获取的教育信息则缺乏相应的措施。① 因此，在高校生态文明教育评价过程中，必须将静态评价与动态评价相结合，在静态评价的基础上分析生态文明教育的现状和发展水平，同时通过跟踪高校生态文明教育的动态响应，对生态文明教育的全过程进行跟踪分析，提高评价的针对性和有效性。

四、"绿色大学"的试点探索

创建"绿色大学"应以建设公园式、生态型大学为目标，倡导当代大学生形成绿色生活的方式，培养新时代的"生态人"。新时代，创建"绿色大学"应该立足实际问题，应以生态哲学思想为指导，以中国特色社会主义思想为内涵，充分借鉴学习西方现当代生态哲学教育以及传统生态哲学教育观，立足当下构建新的教育理念。

1. "绿色大学"的试点示范

通过查阅文献和调研，以清华大学为例，归纳出"绿色大学"创建的现状，对其他"绿色大学"创建有示范作用：

（1）在生态教育方面极具特色。设立环境学院，以生态学重点学科，以环境工程、环境科学、环境管理、市政工程、辐射防护与环境保护主要课程，为全国培养了一大批环境保护的高层次人才，形成了以生态环保为核心的高水平研究基地。为国家重大环境问题的解决和可持续发展战略的实施，提供了理论宝库和技术支持。

（2）以学生组织和科技竞赛为依托。清华大学学生绿色协会成立于 20 世纪 90 年代，是全国高校中较早成立的知名环保社团。学生绿色协会广泛开展绿色实践活动和关于保护环境的科研活动，以遍布全校院系的学生组织为基础，宣传绿色发展理念，形成绿色实践，为中国生态事业添砖加瓦。

（3）在科研工作中贯彻绿色发展、保护环境的理念。通过创新知识，制定更详细的生态科技发展规划并落实。深化研究治理环境污染及如何优化环境质量等方面的研究。在项目被立项之前就要评估出项目对生态环境产生的负面影响。

（4）绿色校园建设就是将绿色发展、环境保护的理念融入到校园建设之中，构建公园型、生态型大学。提倡新能源利用，建立低碳环保功耗少的示范楼，契合教育科研的要求构建校园规划，同时也需要充分考虑社会及校园的功能服务要求。建设校园生态要与生态文化以及学校历史文脉相承接。实施校园绿化动物栖息地建设工程，不断增加校园内允许动物栖息的场所，增加校园的绿化水平，加大力度综合整治校园环境污染，具体可依托

---

① 王康，何京玲. 推进高校生态文明教育的机制创新 [J]. 环境教育，2017 (9)：40 – 46.

生态科学技术，监督和管理校园环境。

2. "绿色大学"未来的展望

（1）倡导绿色学习生活方式

整体性是生态系统重要的特征。生态系统哲学是以整体性观点为切入点去观察现实事物和解释现实世界。[①] 生态哲学的核心内容告诉人们，人是构成整体的重要组成部分。[②] 把高校当成一个整体的生态系统，分析影响系统各个生态因素，这是西方生态哲学一贯的教育主张，这样能更准确地解释自然、人、环境、教育几要素的关系。高校生态系统应该内化当代学生的教学课程、生活习惯方式，也是把当代大学生培养成"生态人"的重要一环，这就必须提倡绿色消费的行为和复合生态性的课程设置。

生态消费所倡导的消费模式应该是符合人的承载力的，且必须是符合人类发展规律的，即其发展水平契合社会生产现状，同时又符合个人物质基础，在满足人的消费欲望的同时，又不加害生态环境，戕害社会生态平衡。大学要通过校园文娱活动和各种自媒体有针对性地向大学生宣传生态消费的理念，让校园成为一个重视生态互动、充满生态趣味、摒弃超出自身消费能力的平台，让生态文化成为校园文化育人的重要方式，并成为大学生充分展现、锻炼自我的舞台，自我提高的平台，从而减少经济利益带来的人与人的异化。生态消费教育可借助文化活动平台，例如，校园广播站，易班群，手机自媒体等，开展以"低碳生活"为主题的生态活动，潜移默化中培养大学在消费前量入为出，消费后垃圾分类等具有时代特点、时代风尚的新行为，从而达到建立人与人、人与社会的和谐，养成良好消费习惯。

作为各种知识的载体，大学专业课程会直接影响大学生塑造、培养人才、形成思维模式、技能掌握的情况。这充分说明在生态文明时代，应该突破院系、学科界限，充分发挥自然科学、人文社会科学的互补性并融入生态元素，充分发挥创新整合作用。良好的生态环境是人民的向往，良好的生态教育是人民需求，更是美丽中国梦的形象展示。十九大报告明确了新战略目标，其强调应该以构建"美丽""文明""富强""和谐""民主"作为构建现代化社会主义的切入点，以促进人与自然的和谐教育作为现代化社会教育的题中之义，在人类教育发展的全球视野，为实现每一代生态平等，保护生态环境是历史赋予当代人的使命。新时代，创建"绿色大学"应明确生态文明的内涵，明确知道怎么做是环保，怎么做不环保。欧内斯特·博耶认为"绿色大学"应明确自身所肩负的使命。将生态文明教育相关内容融入各学科中形成自己的专业生态特色，并且必须系统、针对重点学科进行修缮。各高校可充分结合国家生态文明研究所，有机整合生态哲学知识体系，使之成为多学科认可，且符合具体性、时代性、可行性的教育素材。"绿色大学"应该合理把握必修与选修课程的关联性，为培养大学生生态情怀奠定基础；同时在整个教学实践中应该引入生态哲学理念，并灵活运用，达到没有生搬硬套的感觉，形成良好育效果。大学作为社会助推器，彻底反映、解决社会发展中的各种难题是其重要职能。"绿色大学"教育要紧扣校园所处的环境，强化与所在地文化、社会、政治、经济的有机融合，确保"绿色大

---

① 余谋昌. 生态哲学［M］. 昆明：云南人民出版社，1991：35–40.
② 汉斯. 沙克赛. 生态哲学［M］. 文韬，佩云，译. 北京：东方出版社 1991：49.

学"不仅服务于人，也服务于地方发展。总之，新时代，建设"绿色大学"教育体系，应该坚持生态哲学观，并让生态哲学观走进课堂，走入大脑，并引导当代大学生自觉将其内化为自我使命，作为日常行为准则的尺码。

（2）建设生态公园式大学

在城市获得更好的生活水平是很多人的心愿，城市生态建设涉及各个方面的内容，而发展"绿色大学"则是其中重要一环。新时期，城市飞速发展，整体面貌发生了显著的变化。大学是城市不可或缺的一部分。在中央城市工作会议中，习近平总书记强调"一尊重五统筹"的理念，统筹生产、生活、生态三大布局，提高城市发展的宜居性，为大学与城市和为一处，共建生态文明指明了方向。

①以高校为点，城市为面，强化绿色顶层设计。结合城市气候、山川水系以及现有交通绿化廊道、通风屏障等要素，针对高校构建各种绿化设置，校内校外共享绿色基础设施，使校园绿化与城市形成命运共同体，契合"共商、共建、共享、共赢"的基本理念，有机统一高校与城市发展，促进高校与所在城市生命命运共同体的觉醒。

②充分借助高校产出生态科技，构建地方生态城市。将高校园区作为城市发展生态经济的重要环节，让高校师生共享生态经济所带来的清洁的空气、环境与安全的食品、积极向上的文化，促进高校与城市良性互动与发展。

③以校园为载体，形成书院情怀的教育圣地。为了发扬"绿色大学"的指向作用，促进城市生态文明发展，应该构建公园化、生态化的绿色校园，构建美丽的校园生态，营造生态文化氛围，使校园每一处都彰显生态底蕴，并且渗透人文生态精神，使形成的绿色化生活方式感化走进大学的每一个人。让所有大学生都能够在美丽的校园中体验到大自然的永恒与魅力，精神生活能够净化，创造力和想象力能够被激发起来。在遵守自然环境的同时，人为构建生态系统，其系统主要包括教育、环境生态系统以及人文生态系统、城市生态系统等，各系统之间又构成更大生态教育共同体，生态公园式大学就在这种命运共同体中起着引领未来教育的走向。

（3）培养生态文明时代的"生态人"

任何人才都是特定时代的历史产物。农业文明时代、工业文明时代和生态文明时代对人才的内在要求有天壤之别。我们今天倡导的"生态人"主要是针对工业文明时代的"经济人"而言的。亚当·斯密曾对"经济人假设"做过经典表述。他对"经济人"概念的规定，包含着下述两面性。一方面，作为国富论起点的利己心范畴实际上是从资产阶级生产当事人的行为中得出的抽象；另一方面，利己心又被看作是抽象的人性在实际生活中每个人为改善自身境况所做的经常的、不断的努力。"利己心"与追求经济利益至上可视为"经济人"的基本特征。从一定意义上可以说，这也是导致严重生态问题的症结所在。"理性经济人"是市场经济的产物，在市场经济时代，经济的发展离不开"经济人"的利益驱动。但"经济人"在促进经济发展的同时，也日益严重地损害了人与自然的关系，使人与自然的关系日益分离与对立，生态环境遭到严重破坏，雾霾、水污染、水土流失等严重生态问题，就是"经济人"带来的后果。马克思主义从人的发展的历史辩证法出发，认为人的最终发展是"人同自然界的完成了的本质的统一"，这实际上包含着从"自由人"到"主体人"再到"生态人"的发展过程。"生态人"是人与自然、人与社会之间关系发展的必然结果，也就是"人与自然界的完成了的本质的统一"。高等教育发展必须顺应历史发展规律，培养适应生态文明时代需要的"生态人"。具有生态情怀，善于生态思维，践行生态道德，崇尚生态消费可视为"生态人"的基本特征。

第六章　生态文明教育与实践案例

——以长沙环境保护职业技术学院为例

第一节　打造生态环保铁军

一、精神凝练：生态环保铁军之魂

生态文明建设是关系中华民族永续发展的根本大计。要打好污染防治攻坚战和生态保护持久战，就要建设一支高素质的生态环保铁军。当前，我国生态文明建设处于关键期、攻坚期和窗口期，打好污染防治攻坚战时间紧、任务重、难度大，是一场大仗、硬仗、苦仗，必须要有一支意志坚强、本领过硬的生态环保铁军，才能取得全面胜利。近几年，我国污染防治工作取得了阶段性成效，环境质量明显改善，正是得益于有一支想干事、能干事、干成事的环保队伍。他们忠于职守，不分昼夜，长年奋战在一线，攻坚克难，负重前行，创造了不平凡的业绩。2018 年 5 月 18 日，习近平总书记在全国生态环境保护大会上强调："要建设一支生态环境保护铁军，政治强、本领高、作风硬、敢担当，特别能吃苦、特别能战斗、特别能奉献。"在 2020 年全国生态环境保护工作会议上，生态环境部部长李干杰在部署新一年重点工作任务时强调，加快打造生态环境保护铁军。为落实会议精神，时隔一天，生态环境部召开了生态环境保护铁军建设推进视频会议，并专门出台了《关于加强生态环境保护铁军建设的意见》，对打造生态环保铁军作出了具体的安排和部署。

生态环保铁军是打赢污染防治攻坚战的主力军。铁军，顽强善战，无坚不摧。正是得益于这支队伍的拼搏努力，污染防治攻坚战取得关键进展，生态环境质量总体改善，成绩斐然，但前路仍不平坦。2020 年是全面建成小康社会和"十三五"规划的收官之年，是打好污染防治攻坚战的决胜之年，是保障"十四五"顺利起航的奠基之年。攻坚工作推进越深入，出现的问题越复杂，遇到的困难阻力越大。要不负使命和重托，需要一支生态环境保护铁军，冲锋在前，担当作为。

我们要建设一支什么样的生态环保铁军呢？习近平总书记强调："要清醒认识保护生态环境、治理环境污染的紧迫性和艰巨性，清醒认识加强生态文明建设的重要性和必要性，以对人民群众、对子孙后代高度负责的态度和责任，真正下决心把环境污染治理好、把生态环境建设好，努力走向社会主义生态文明新时代，为人民创造良好生产生活环境。"

1. 生态环保铁军要政治强

听党指挥、报国为民的铁的政治信念是铁军精神的核心要义。铁军是一个光荣的称号，是党领导下的为国为民的正义之师。生态环境是关系党的使命宗旨的重大政治问题，也是关系民生的重大社会问题。习近平总书记指出："打好污染防治攻坚战时间紧、任务重、难度大，是一场大仗、硬仗、苦仗，必须加强党的领导。"党的十八大以来，在以习近平同志为核心的党中央的坚强领导下，我国生态环境保护发生了历史性、转折性、全局性变化。当前，生态文明建设正处于压力叠加、负重前行的关键期，已进入提供更多优质生态产品以满足人民日益增长的优美生态环境需要的攻坚期，也到了有条件有能力解决生态环境突出问题的窗口期，党中央科学判断形势，明确了推进生态文明建设、解决生态环境问题的路线图和时间表，为打好污染防治攻坚战、推动生态文明建设迈上新台阶作出了全面部署。习近平总书记指出："各地区各部门要增强'四个意识'，坚决维护党中央权威和集中统一领导，<u>坚决担负起生态文明建设的政治责任</u>。"①

2. 生态环保铁军要本领高

能力高超、业务精深的铁的本领是铁军精神的重要基础。当前，生态环境保护形势依然严峻，要啃很多"硬骨头"，没有高超的能力是难以胜任的。生态环境保护涉及面广、问题多、专业性强，监测、督察、执法、环评、智慧环保等都需要大量的专业人才。生态环保队伍必须不断增强学习本领、政治领导本领、改革创新本领、科学发展本领、依法执政本领、群众工作本领、狠抓落实本领、驾驭风险本领，不断提高专业化、职业化水平，积极主动地在落实任务中锻炼能力，在破解难题中提高水平，在重大行动中培养意志品质。要围绕建设高素质专业化干部队伍，大力发现储备年轻干部，注重在基层一线和困难艰苦的地方培养锻炼年轻干部，选拔使用经过实践考验的优秀年轻干部。习近平总书记指出："要建立科学合理的考核评价体系，考核结果作为各级领导班子和领导干部奖惩和提拔使用的重要依据。"②

3. 生态环保铁军要作风硬

踏石留印、抓铁有痕的铁的作风是铁军精神的重要保证。党的十八大以来，生态环保队伍动真碰硬、利剑治污，以最严格的制度、最严密的法治，打破了长期以来"经济发展一手较硬、生态环境保护一手较软"的怪圈。中央环保督警实现全国全覆盖，督警人员推动解决 8 万多个群众身边的突出环境问题；对各级领导干部的审计从以往"审钱"拓展到"审绿"；单 2017 年共下达环境行政处罚决定书 23.3 万份，罚没款数额达 115.6 亿元。党的十九大对生态环境保护作出了新的决策部署，描绘了美丽中国的新蓝图，我们要有真抓的实劲、敢抓的狠劲、善抓的巧劲、常抓的韧劲，用铁的作风确保各项目标任务按时保质完成。污染防治这场攻坚战，时间紧、任务重、难度大，环保铁军要特别能吃

---

① 习近平要什么样的生态环境保护军？　［EB/OL］．（2018-06-02）　［2021-10-21］.https：//baijiahao.baidu.com/s？id=1602147191217042105&wfr=spider&for=pc.
② 习近平要什么样的生态环境保护军？　［EB/OL］．（2018-06-02）　［2021-10-21］.https：//baijiahao.baidu.com/s？id=1602147191217042105&wfr=spider&for=pc.

苦、特别能战斗、特别能奉献，为人民群众守护绿水青山、留住蓝天白云。习近平总书记指出："各级党委和政府要关心、支持生态环境保护队伍建设，主动为敢干事、能干事的干部撑腰打气。"

4. 生态环保铁军要敢担当

攻坚克难、敢于负责的铁的担当是铁军精神的主要体现。铁军称号之所以光荣，是因为它是为人民群众谋幸福的队伍。环保铁军要积极回应群众所急、所想、所盼，提供更多优质生态产品，不断满足人民群众日益增长的优美生态环境需要。生态环境保护推进越深入，复杂程度、困难程度越大，要敢涉险滩，拿出"明知山有虎、偏向虎山行"的勇气，不断把生态文明建设推向前进。要坚持优者上、庸者下、劣者汰，大力选拔敢于负责、勇于担当、善于作为、实绩突出的干部，鲜明树立重实干重实绩的用人导向。习近平总书记指出："地方各级党委和政府主要领导是本行政区域生态环境保护第一责任人，各相关部门要履行好生态环境保护职责，使各部门守土有责、守土尽责、分工协作、共同发力。"

二、先进引领：生态环保铁军之梦

在打好污染防治攻坚战、建设生态文明的绿色征程中，生态环境系统各条战线涌现了一批一批先进典型：他们牢记党的嘱托，勇于担当，甘于奉献；他们立足环保岗位，敬业爱岗，履职尽责；他们一腔赤诚，敢为人先，以建设生态文明为己任，不负韶华，持续奋斗……

为了表彰先进，以先进典型为榜样，用每一个环保人的情怀和行动，打造一支生态环境保护铁军，为坚决打好污染防治攻坚战、推进生态文明和建设美丽中国作出新的更大贡献。生态环境部从 2018 年开始，每年都召开打好污染防治攻坚战"两优一先"表彰大会，对生态环境部先进党组织、优秀共产党员、优秀党务工作者进行表彰。特别是 2020年，面对突如其来的新冠疫情，生态环境部把做好疫情防控相关环保工作作为一项重大政治任务、当前最重要的工作和头等大事，充分发挥各级党组织战斗堡垒作用和党员、干部先锋模范作用，坚决落实"两个 100%"（全国所有医疗机构及设施环境监管和服务100% 全覆盖，医疗废物、废水及时有效收集转运和处理处置 100% 全落实），全力以赴做好疫情防控相关环保工作；建立实施"两个正面清单"，积极主动服务"六稳""六保"；突出精准治污、科学治污、依法治污，积极推进打赢打好污染防治攻坚战；妥善应对突发环境事件，坚决守住生态环境安全底线，以工作成效诠释了忠诚、践行了"两个维护"。①受表彰的单位和个人在打好污染防治攻坚战中，以实际行动守初心、担使命，生动诠释了新时代政治强、本领高、作风硬、敢担当，特别能吃苦、特别能战斗、特别能奉献的生态环境保护铁军形象，是我们身边可亲可敬可学的先进代表。

湖南以六五环境日为契机，至今也进行了两届"湖南最美基层生态环保铁军人物"的评选。其中长沙环境保护职业技术学院有 4 位校友成功当选第二届"湖南最美基层生

---

① 生态环境部召开庆祝建党 99 周年暨"两优一先"表彰大会［EB/OL］. （2020 - 07 - 01）［2021 - 10 - 21］. https：//baijiahao. baidu. com/s? id = 1670953982350581135.

态环保铁军人物"。这些先进典型都以家国情怀、民族情怀、为民情怀和事业情怀作为思想引领和行动支撑，坚定信念和抱负，保持自许和要求，铸就为美丽中国愿景不懈奋斗的强大精神力量。

第一，他们始终秉承中国共产党人的家国情怀。常怀爱民之心、常思兴国之道、常念复兴之志，是中国共产党人家国情怀的生动写照。生态环境系统要始终秉承共产党人的家国情怀，保持对党和国家的深情大爱，将国家利益置于最高位置。

第二，他们始终秉承中华儿女的民族情怀。中华儿女对民族命运的拳拳之心，对故土山河的兹兹之念，对国富民强的殷殷之望，凝聚成强大的民族向心力，推动中华民族5000多年文明薪火相传，绵延不息。生态环境系统要始终秉承中华儿女的民族情怀，将之融入血脉、深入骨髓，为实现中华民族伟大复兴中国梦而努力奋斗。

第三，他们始终秉承心中有民的为民情怀。保持为民情怀要常怀忧患之思，常念人民之托，视人民为亲人、为老师、为裁判，问需于民、问计于民、问效于民。生态环境系统要始终秉承心中有民的为民情怀，把良好生态环境作为最普惠的民生福祉，把解决突出生态环境问题作为民生的优先领域。

第四，他们始终秉承爱岗敬业的事业情怀。敬事而信，敬业乐群。把事业看得比生命还重的人，一定会收获更有价值的人生，必将做出非比寻常的贡献。生态环境系统要始终秉承爱岗敬业的事业情怀，把生态环境保护作为毕生事业追求，为重现绿水青山，还自然以宁静、和谐、美丽做出每个人的贡献。

学习先进，不忘初心、牢记使命，秉持家国情怀、民族情怀、为民情怀和事业情怀，积极投身打好打胜污染防治攻坚战、推进生态文明、建设美丽中国的伟大事业，在奋斗中成就梦想、精彩人生。

三、锻造路径：生态环保铁军之路

生态环境是关系党的使命宗旨的重大政治问题，也是关系民生的重大社会问题，需要各地区各部门坚决担负起生态文明建设的政治责任。[①] 保护生态环境、治理环境污染任务紧迫而艰巨，推动形成绿色发展方式和生活方式更是发展观的一场深刻革命，生态环保铁军必须增强能力本领。当前，生态环境保护形势依然严峻，要啃很多"硬骨头"，没有顽强的作风、没有担当的精神是难以胜任的。打造生态环保铁军，必须增强政治能力、提高本领、强化作风、敢于担当。

建设一支召之能战、战之能胜的生态环保铁军，需要各地党委政府把加强生态环保队伍建设作为一项重要工作来抓，从事业全局出发，为生态环境部门选贤任能，创造条件聚人才、育英才。[②]

---

① 习近平出席全国生态环境保护大会并发表重要讲话［EB/OL］．中华人民共和国中央人民政府网，2018 - 05 - 19［2021 - 10 - 21］．http：//www. gov. cn/xinwen/2018 - 05/19/content_ 5292116. htm.

② 打造一支能打胜仗的生态环保铁军——六论学习贯彻全国生态环境保护大会精神［N］．中国环境报，2018 - 5 - 29

1. 筛选一批有潜力的好苗子

打造生态环保铁军，需要源源不断的后备人才。生态环境部门党组织，要按照新时代"信念坚定、为民服务、勤政务实、敢于担当、清正廉洁"的好干部标准，筛选一批基础较好、积极进取、熟悉业务、潜力较大的好苗子。系统规划优秀年轻干部的培养目标、成长路径和培养计划，有意识地把他们放到一些重要部门和艰苦岗位压担子、加压力，指定人品好、能力强、水平高、经验丰富的老同志进行"传、帮、带"，创造一切可能的条件让他们尽快成长成才。

2. 加强政治素质的培养锻炼

打造生态环保铁军，需要政治过硬的青年人才。对筛选出来的好苗子，应有计划地选送到党校进行系统的政治理论学习，让他们全面了解和掌握马克思列宁主义、毛泽东思想、邓小平理论、科学发展观、习近平新时代中国特色社会主义思想，全面了解和掌握中国共产党的光辉历程，全面了解和掌握中国近代受尽西方列强欺凌的屈辱史，全面了解和掌握我国改革开放 40 年来取得的巨大成就，提高理论素养，加强党性锻炼，成为政治上靠得住、作风上过得硬、人民群众信得过的青年干部。

3. 加强环保业务的培训提高

打造生态环保铁军，需要精通业务的青年人才。生态环境保护是一项专业性很强的工作，应有计划地安排这些青年干部通过业务培训和以战代训等多种方式，有针对性地学习、了解与生态环境保护工作相关的法律法规、政策标准和治理技术，逐步熟悉辖区内的重点行业、重点企业的生产工艺、排污状况和环境风险，掌握正确的环境执法监管工作思路和科学方法，善于寻找问题线索，善于发现违法事实，善于梳理危害后果，善于固定违法证据，成为解决难题的行家里手。

4. 加强综合能力的全面提升

打造生态环保铁军，需要独当一面的青年人才。打好污染防治攻坚战，开展各级各类环境保护督察，对今天的青年干部提出了非常高的要求。我们不仅要面对企业单位的违法违规、偷排漏排，还要面对政府部门的失职渎职、弄虚作假；不仅要帮扶工业企业进行污染防治、化解环境风险，还要指导下级政府整改问题、推进工作；不仅要善于调解处理人民群众的信访纠纷，还要善于协调处理有关各方的微妙关系；不仅要实施统一监督管理，还要亲自上阵解决具体问题，成为合纵连横的多面手。

5. 加强各级组织的人文关怀

打造生态环保铁军，需要心无旁骛的青年人才。这些优秀的青年干部，都是单位的工作骨干、业务骨干，承担的工作任务非常重，"5 + 2"、白加黑是常态；同时，他们也是家里的支柱，上有老下有小，家庭负担也很重，身心俱疲也是常态，甚至带病加班、垫钱出差、挨批问责也不少见。因此，各级党组织应定期与青年干部谈心谈话，听取他们的意见建议，主动了解、关心他们在工作和生活中遇到的各种问题和困难，及时帮助他们打开心结、化解矛盾、解决困难，始终心情愉悦、精神饱满地投入工作之中，成为铁军中的青年冲锋队。

全国生态环境保护大会吹响了用习近平生态文明思想全面指引美丽中国建设的前进号角，作为生态文明建设主力军，生态环保铁军使命光荣、责任重大。我们要在落实任务中锻炼队伍，在破解难题中提高能力，在重大行动中培养意志品质，打一场漂亮的污染防治攻坚战，努力建设望得见山、看得见水、记得住乡愁的美丽中国。

第二节　培育生态环境卫士

打造生态环保铁军，需要通过教育源源不断地培育新鲜后备力量，而这些力量就是生态环境卫士。从近几年环保产业发展趋势来看，环保人才尤其是高技术技能人才供不应求，这对于环保专业院校，特别是环保高职院校来说既是机遇也是挑战。新时代要有新担当新作为。面对生态环境保护关键期、攻坚期、窗口期"三期叠加"的新形势，全体环保人要不做"黄鹂鸟"，争当"拓荒牛"。①

一、环保职业教育在生态文明建设中大有可为

1. 加强生态文明建设，环保职业教育不可缺位

建设生态文明，是关系人民福祉、关乎民族未来的长远大计。走向生态文明新时代，建设美丽中国，是实现中华民族伟大复兴的中国梦的重要内容。生态文明建设是一场全方位、系统性的绿色变革，必须要加快形成全社会共同关心、支持和参与生态环境保护的强大合力。良好的生态环境是最普惠的民生福祉。在湖南，一方面，公众对建设富饶美丽新湖南、服务全省高质量发展、提供更多高质量生态产品的需求日益迫切；另一方面，群众对打赢蓝天保卫战、提升生态环境工作者的能力素质要求越来越强。人民群众对生态环境信息、知识、文化的需求之强前所未有，做好生态环境教育工作的机遇和舞台之大前所未有，生态环境教育功能的发挥不可或缺，环保职业教育不可缺位。

2. 培育生态环保一线人才，环保职业教育大有可为

环境生产力思想是生态文明建设的自然基础。劳动者作为环境生产力中的最重要因素，起着关键的决定性作用。在全国生态环保教育领域，长沙环境保护职业技术学院是办学最早、专业门类最齐全、行业领头的高职学院。从 1979 年建校以来，学院毕业生人数达 51451 人，如今湖南省各县市区环保局的环保骨干大多是长沙环境保护职业技术学院的毕业生，其中有全国各地环保领域环保干部 5 千余人，基层环保技术骨干、监测、执法人员 1.5 万余人。此外，华时捷、永清、国家检测等大型环保企业都有着长沙环境保护职业技术学院学子的身影。目前，生态环境治理、生态文明建设、环保产业发展都亟须大量的专业技术人才支撑，据统计，每年需求相关从业人员在 15 万人以上。作为我国培养高素质技术技能型环保一线人才的最大基地，学院积极提升教育教学水平，以社会需求为导向，深入探索环保职业教育与"生态文明建设"的结合点，深度融入环保产业行业，充

---

① 吕文明. 环保职业教育在生态文明建设中大有可为 [N]. 湖南日报，2020 – 06 – 05.

分发挥学院在环境监测评价、环境工程治理、生态环境修复等学科优势，进一步加强对生态文明建设和突出生态环境问题的研究。

3. 打赢污染防治攻坚战，环保职业教育要有所作为

习近平总书记在全国生态环境保护大会上强调，坚决打好污染防治攻坚战，推动生态文明建设迈上新台阶。要建设一支政治强、本领高、作风硬、敢担当，特别能吃苦、特别能战斗、特别能奉献的生态环境保护铁军。总书记的这一重要嘱托，明确了生态环保系统干部职工必须要有过硬的信念、政治、责任、能力和作风。长沙环境保护职业技术学院在打造生态环保铁军中应当有所作为。

在打造生态环保铁军中有所作为，首先要确保环保职业教育的社会主义办学方向。高校是巩固马克思主义指导地位、发展社会主义意识形态的重要阵地，必须不断加强和改进思想政治工作，始终坚持社会主义办学方向，坚持党对高校工作的全面领导。

在打造生态环保铁军中有所作为，就要全面提高环保职业教育的人才培养质量，要加快教育教学改革，提升教学质量，以现代学徒制试点为依托，积极探索人才培养新途径，切实提高学生专业技能，用全面提高人才培养质量的具体举措坚决扛起生态文明建设的政治责任。

新时代要有新作为，全面加强生态环境保护，坚决打好污染防治攻坚战，我们恰逢其时，使命光荣。站在新的历史起点上，环保高职教育要紧紧抓住培养高素质技能型"招之能战、战之能胜"的生态环保铁军这条主线，持续增强办学实力、核心竞争力和社会影响力，为生态文明建设贡献力量。

二、培养生态环保铁军后备人才是环保高职教育的首要任务

"教育是国之大计、党之大计。"① 习近平总书记在全国教育大会上指出，培养什么人，是教育的首要问题。必须把培养社会主义建设者和接班人作为根本任务，培养一代又一代拥护中国共产党领导和我国社会主义制度、立志为中国特色社会主义奋斗终身的有用人才。这是教育工作的根本任务，也是教育现代化的方向目标。

生态文明建设、生态环境保护是关系中华民族伟大复兴的崇高事业，亟须一支政治强、本领高、作风硬、敢担当，特别能吃苦、特别能战斗、特别能奉献的生态环境保护铁军。长沙环境保护职业技术学院作为我国培养高素质技术技能型环保一线人才的最大基地，必须以高度的责任感和使命感，紧紧围绕"培养什么人，如何培养人，为谁培养人"的问题，自觉承担起教育应尽之责，扛起为生态文明建设培养人才之责。

1. 万水千山——不忘环保高职教育的出发点

"水之积也不厚，则其负大舟也无力。"② "培养什么人"的问题，决定着教育的性质和发展方向，其实质是关于人才培养的目标定位。党的十八大以来，以习近平同志为核心

① 习近平在全国教育大会上发表重要讲话［EB/OL］. 中华人民共和国教育部，2018 – 09 – 10［2021 – 10 – 21］. http：//www. moe. gov. cn/jyb_ xwfb/s6052/moe_ 838/201809/t20180910_ 348050. html.

② 庄周. 逍遥游［M］. 北京：中国文联出版社. 2016：9.

的党中央统筹推进"五位一体"总体布局，协调推进"四个全面"战略布局，把生态文明建设和生态环境保护工作提升到了前所未有的战略位置，环保高职教育面临着快速发展的良好机遇。新时代，新使命，新作为，环保高职教育的使命和初心就是要培养和造就能满足我国生态环保事业发展所需的业务精湛、政治可靠、作风务实、敢于担当的各类一线技术人才和管理人才。唯有坚持把立德树人作为根本任务，执着于教书育人，拥有热爱环保教育的定力、淡泊名利的坚守、潜心治学的操守，才能全力培养生态环保铁军后备人才。这就是环保高职教育的出发点和落脚点。

2. 百舸争流——找准环保高职教育发展的着力点

在优化教育资源配置、提高教育质量、推动教育发展的良性竞争大环境下，环保高职教育要找准自己的着力点，教师也要寻找自己的发力点。习近平总书记在全国教育大会上提出了六个"下功夫"："要在坚定理想信念上下功夫""要在厚植爱国主义情怀上下功夫""要在加强品德修养上下功夫""要在增长知识见识上下功夫""要在培养奋斗精神上下功夫""要在增强综合素质上下功夫"。首先，就培养生态环保铁军后备人才政治素质而言，培养奋斗精神尤不可缺。目前，我国生态环境保护从认识到实践都发生了历史性的转变，其思想认识程度之深、污染治理力度之大、制度出台频度之密、执法督察尺度之严、环境质量改善速度之快前所未有，对生态环保队伍建设的要求之高也前所未有。环保职业教育工作者必须率先垂范，始终保持永不懈怠的精神状态和一往无前的奋斗姿态。其次，环保高职教育教学改革势在必行。环保职业教育必须直面时代课题、紧跟信息化发展趋势、创新人才培养模式。最后，要在提高环保高职教育核心竞争力上下功夫。唯有一流环保专业＋特色环保文化＋优质社会服务，才能拥有在教育竞争中立于不败之地的核心竞争力。

3. 莘莘学子——挖掘生态环保人才的闪光点

多元智能理论解释了人与人之间存在个性差异的原因，并提醒教育者从实践上尊重这种差异。打造完善人格和培育创新人才是教育工作的核心任务和神圣使命。环保高职教育如何慧眼识才？首先，学校要树立科学的教育观、人才观、质量关，大力推进素质教育，把促进人的全面发展作为教育的根本目的和终极追求，紧密对接社会经济发展需求，推动高质量、创新型人才供给，提升莘莘学子的生态环保素养。要通过教育教学改革，把创新创业教育融入人才培养全过程，既抓住课堂教学这个主战场，又抓住生态环保社会服务和实践等平台，让学生在自主研究、探索中提升生态环保铁军必备的业务能力和素养。其次，教师要善于挖掘学生的闪光点并培养其自信。"恢弘志士之气，不宜妄自菲薄。"① 尤其是对那些能力较弱、基础较差的高职学生而言，更加需要激发个体的自信和潜能，未来才能敢担当、能担当。"风劲帆满海天阔，俯指波涛更从容"。"十四五"期间，污染防治攻坚战将持续推进，作为生态环保铁军的人才培育基地，环保高职教育要狠抓教育教学改革和创新，探索多种形式的生态文明教育方式和途径，为全国生态文明建设培育更多生态环保铁军后备人才。

---

① 诸葛亮. 出师表［M］. 北京：中国文联出版社. 2016：9.

□案例 1

"六位一体、五翼齐飞"生态文明文化育人体系探索

实施背景

党的十八大以来，以习近平同志为核心的党中央对生态文明建设给予前所未有的重视，党的十九大和全国生态环境保护大会又作出了加快生态文明体制改革，建设美丽中国新部署。美丽中国、绿色梦想的生态文明建设已变成民心所向、国之所需。青年是新时代的希望，祖国的未来，我们只有竭尽全力凝聚青年力量，展现青春风采，把生态文明思想学习好、研究好、落实好，才能画好生态文明美丽画卷。长沙环境保护职业技术学院（下文简称"学院"）针对高校生态文明思想学习不深入、实践不落地、育人不到位等问题，依托 2018 年立项的教育部第三批现代学徒制试点单位、2020 年立项的湖南省第二批"三全育人"综合改革试点高校和湖南省高校优秀思想政治工作团队三大建设项目，坚持以环保铁军后备人才培养为目标，把习近平生态文明思想贯穿教育教学全过程，紧紧围绕生态文明知识教育内容构建"六位一体、五翼齐飞"的生态文明文化育人体系。工作开展以来，共有近 30000 多名学生加入绿色校园文化建设；开展了 4000 余次生态文明文化育人活动，学生参与率达 90% 以上；获国家、省级相关荣誉 129 项。

主要做法

一、开展生态文明文化育人品牌活动。

学院以弘扬绿色校园文化为主旨，构筑"三月两节两活动"的精品化、品牌化、绿色化校园文化格局。（一）"三月"。即每年 3 月的"青年志愿者服务月"、5 月的"弘扬五四精神主题团日活动月"、6 月的"六五环保宣传月"。学院将生态文明思想充分融入各项校园活动中，如"六五环保宣传月"的"湘江调研"活动，学院会精心组织几百名志愿者沿湘江两岸分段进行污水排放点排查、水质监测、湘江垃圾清理、社区环保宣讲、发放环保手册、环保问卷调查等分项活动，主动践行"保护母亲河人人有责"。（二）"两节"。即"社团文化节""校园科技文化艺术节"。如"社会文化节"中由新芽环保协会举办的传统品牌活动——"环保服装展"，精心组织上百名学生用环保材料别具匠心设计近百套环保服装，通过 T 台展示向广大师生宣传环保理念，倡导绿色文明；"校园科技文化艺术节"中由学院艺术团举办的"绿色歌曲嗨翻天"活动，师生们通过改编歌词、串烧歌曲等形式，在歌曲中增加绿色文化、生态文明元素，让一首首脍炙人口的流行歌曲变成别具新意的"环保歌曲"响彻校园。（三）"两活动"。即"志愿者活动""社会实践活动"。近三年共精心组织、选派 2652 名师生参与国家京津冀蓝天保卫战、湖南省土壤污染源普查、湖南省环保督查等环保行动，主要通过协助环保部门开展环保污染源调查、污染源定点监测和环保违规行为暗访排查等专业行动，为政府部门提供重要的基础数据和行动支撑。

二、构建生态文明文化育人教学体系

1. 全覆盖开展生态文明教育。在全院所有专业中开设习近平生态文明思想和生态环境素养课程，编写特色教材，打造生态文明宣讲名师团队，全覆盖开展"生态文明""绿色文化"教育，培育"生态环保铁军"。

2. 构建生态文明思政课程与课程思政协同发展格局。积极推动思政课程与课程思政

如鸟之两翼、车之双轮协调前行，结合环保专业特色开展课程思政改革。近五年来，立项省级课程思政项目6个，院级26个；在继续巩固思政课程主渠道主阵地作用的基础上，积极推动课程思政广覆盖，全院立项36门课程思政课程，积极推进赋予专业课程价值引领的重任，并进一步提升和改善专业学科的育人成效。思政教学质量明显提升，教师参加相关省级教学比赛，获一等奖1个，二等奖5个，三等奖6个；思政课部荣获"湖南省青年文明号""湖南省直机关芙蓉标兵岗"等称号。

三、形成特色鲜明的生态文明实践体系。

1. 围绕生态文明开展思政课研究性学习实践活动。学院连续六年精心组织学生参加湖南省思政课研究性学习，鼓励学生围绕生态文明建设开展研究，并进行成果展示，共获省级二等奖4项，三等奖2项。

2. 紧扣生态环保开展学生社会实践活动。如"大手拉小手，共筑中国梦"实践项目就是以课程实践活动为依托，通过"生态文明知识科普""节水进校园""垃圾分类""圭塘河的前世今生"等活动，以环保专业学生为起点，辐射全院、兄弟院校与中小学，让学生们在课外实践活动中将习近平生态文明思想向社会传播。同时，充分联动新闻媒体——如中国青年报、湖南卫视等，向全省公众普及习近平生态文明思想和生态环境保护知识，该项目获得共青团中央主办的中国青年志愿服务项目大赛金奖。

3. 构筑红色、绿色交替进行的特色思政课课外实践活动。学院先后在任弼时纪念馆、杨开慧故居等地挂牌成立了长期稳定的红色实训教育基地，同时结合环保专业特色，每学期都会带学生赴红色基地开展传承红色基因＋生态文明宣讲和实践调研，形成"红色＋绿色思政实践教学"模式，广受好评。

4. 积极构建"六位一体"生态文明文化育人体系。近年来，学院通过积极构建生态文明文化育人品牌活动、教学体系、实践体系，成功打造"六位一体、五翼齐飞"的生态文明文化育人体系，精心培育环保铁军后备人才，为美丽湖南、美丽中国贡献力量。一方面努力构建"六位一体"的文化育人模式，即坚守生态文明价值追求、优化生态文明育人的校园环境、铸造生态文明育人的活动品牌、构建生态文明课程体系、推进生态文明校企协同育人、创新生态文明育人评价机制等；另一方面全力打造"五翼齐飞"生态文明文化育人要素系统。通过培育百名绿色师资、打造百堂绿色课堂、开展千场绿色实践、建设一个绿色基地、培育精品绿色文化，学院被誉为"中华环境卫士的摇篮""生态环保铁军后备人才基地"。

效果与经验

一、工作成效

学院通过实施生态文明文化育人工程，师生的生态文明素养明显提升，教师教学能力素质、学生专业技能水平有效提升。近五年来，师生积极参加各类比赛，获得国赛、省赛一等奖30多个；有200多家企业加盟学院的环保职业教育集团；毕业生就业率连年上升，对口就业率高达95%，毕业生以"下得去、干得好，留得住"的良好信誉受到用人单位的广泛欢迎，学院连续4次被评为"湖南省普通高校毕业生就业工作一把手工程优秀单位"。《2020年湖南省高等职业教育质量年度报告》显示，学院在"育人成效"和"科研与社会服务"名列全省20强。2020年，以环保专业知识参与抗疫的杜臻作为湖南省高校唯一在校生获得"湖南省抗击新冠肺炎疫情先进个人"称号，中国教育报、人民网、学习强国等多家权威媒体对学院育人成效进行宣传报道。

二、经验启示

1. 创新了生态文明文化育人体系。围绕生态文明教育内容，积极践行生态文明理念，构建"六位一体、五翼齐飞"的生态文明育人体系，培育生态环保铁军。通过实践调查、访问排查、亲临体验、红色实践、志愿服务等，将教学主题与实践环节充分融合，让生态文明教育内化于心、外化于行，全面推广生态文明文化育人方式创新。

2. 凸显了生态文明文化育人品牌。学院依托环保特色开展品牌绿色校园文化活动，并结合系部专业特色，展开"一系一特色"的生态文明文化育人品牌活动，形成生态文明育人文化特色和品牌项目相互交融，培育"知行合一"的"生态环保铁军"。

3. 形成了绿色思政实践教学样板。将理论与实践、课内与课外、思政课与专业课相结合，通过"大手拉小手，共筑中国梦""情系湘江水，共护母亲河""土壤污染调查，共复洁净土"等三个思政实践教学模块的实施，突出学生的主体性和教师的主导性，形成以点带面、以一带全的全员、全过程、全方位的课外实践育人格局。

□案例2

建"五位一体"实践模式，育追"绿"践"绿"圆"绿"环境卫士

实施背景

长沙环境保护职业技术学院（下文简称"学院"）被称为"中华环境卫士的摇篮"，培育追"绿"、践"绿"、圆"绿"中华环境卫士，工作的重音落在"育"字上，关键在构建育人共同体。如何构建？2015年，长沙环境保护职业技术学院首创实施以追"绿"、践"绿"、圆"绿"为主题的政、行、企、校、家"五位一体"生态文明实践育人模式，构建实践育人共同体。追"绿"就是生态文明思想内化于心，成为有理想的追"绿"人；践"绿"就是使生态文明思想外化于行，成为有行动的践"绿"人；圆"绿"就是在外化于行的基础上最终实现实践探索成果转化，成为有成就的圆"绿"人。为此，学院联合政府、行业、企业、中小学及家庭共同组建生态文明实践育人领导小组，科学制定年度实施计划与经费预算，搭建线上线下实践育人平台，组建"大手拉小手，共筑中国梦""情系湘江水，共护母亲河""土壤污染调查，共复洁净土"等三个实践模块与学院实践科普基地，组织由学院牵头，以学生为主体，政、行、企、校、家齐发力的课内课外、校内校外、线上线下、社会实践与创新创业相结合的实践活动，真正打通实践育人"最后一公里"，使生态文明的种子在学生心中生根发芽，开花结果，达到全员、全过程、全方位育人实效。

主要做法

"五位一体"生态文明实践育人模式由学院党委牵头，一体化联动各方参与，构建政、行、企、校、家"五位一体"生态文明实践育人平台，将思政小课堂与社会大课堂、校内校外、线上线下、社会实践与服务社会相结合，教育引导学生立鸿鹄志，做新时代追"绿"、践"绿"、圆"绿"环境卫士，从实践的角度，回答好"为谁培养人、培养什么样的人、怎样培养人"这个根本问题，取得了良好的育人成效。

一、科学化设计实践主题

创建"五位一体"生态文明实践育人模式就是要培育具有生态文明理念的新时代环境卫士。为此，学院紧密结合思想政治理论课教材《毛泽东思想和中国特色社会主义理论体系概论》第十章第五节"建设美丽中国"的知识重、难点，根据不同的实践基地，不同的学生群体，精准施策地、科学化地设计了实践育人主题——追"绿"、践"绿"、圆"绿"。追"绿"就是通过实践活动，使生态文明思想内化于心，牢固树立生态文明理念，成为新时代有理想的追"绿"人；践"绿"就是使那些有理想的追"绿"人通过实践平台，发挥自己的专业特长，使生态文明思想外化于行，实现以点带面、以一带全的育人效果，成为新时代有行动的践"绿"人；圆"绿"就是使那些有行动的践"绿"人通过实践探索，在专家或老师的指导下，实现成果转化，服务于社会，成为新时代有成就的圆"绿"人。

二、多元化选择实践模块

为了给学生创造更多实践机会和舞台，让学生在亲身参与中了解世情、国情、社情、民情和教情，在亲身体验中树立生态文明理念，培养责任感与担当精神，真正培育一批有理想、有行动、有成就的追"绿"、践"绿"、圆"绿"中华环境卫士。学院紧紧围绕生态文明建设这一主题，结合污染防治攻坚战这一重大战略任务，因人而异、因地而异将环保社团、志愿者服务团队融入至"五位一体"生态文明实践育人模式中，针对性地设计了三种实践模块。一是"大手拉小手，共筑中国梦"；二是"情系湘江水，共护母亲河"；三是"土壤污染调查，共复洁净土"。"大手拉小手，共筑中国梦"实践模块对实践群体不受限，环保类、非环保类学生均可参与。实践区域分为线上与线下。线上主要用于实践小组建设、理论学习、理念宣传、社会调研、实践成果共享等。线下实践地点分为校内与校外。校内主要是位于学院内的湖南省环保科普基地，校外主要有圭塘河沿岸、长沙市郊、社区及学校周边地区、中小学与省内外农村等地。实践内容重点在调研与宣教。实践目的主要是将生态文明思想内化于心，积极引导外化于行，针对性地指导学生将实践成果转化，服务于社会。而"情系湘江水，共护母亲河"与"土壤污染调查，共复洁净土"两种实践模块更受环保专业学生青睐，特别是环境工程系与环境监测系的学生。线下实践地点更有针对性，除了学院内的湖南省环保科普基地，一般聚焦在有水、有土的地方，如湘江长沙段、省内外农村等地。实践内容更专业，重点是在调查、调研、统计、分析的基础上专业性地积极主动地宣教。实践目的主要是在生态文明思想内化于心的基础上积极主动地外化于行，有目的地将实践成果转化，服务于社会。总之，三个实践模块将结合学院各系专业特色与学生实际，开展"一系一特色"的"五位一体"生态文明实践育人模式，其中，重点培育监测系"以土育绿"、工程系"以水育绿"、科学系"以植育绿"、艺术系"以艺育绿"、经济与信息系"以商育绿"的新时代环境卫士。

三、一体化联动各方参与

学院党委高度重视大学生实践育人工程，主动对接主管部门——湖南省生态环境厅，邀请生态环境科研院所及相关环保企业参与指导，要求思政课老师、专业老师、班主任或辅导员全程参与，创新运用1+2+4家庭传播模式（1名中小学生+2名父母+4名祖父母、外祖父母），形成以学生为主体，以青少年群体为主要突破口，以家庭或社区为单位的育人辐射圈，充分联动新闻媒体——如湖南卫视、湖南经视、湖南教育电视台、红网等，通过传统媒体以及微博、微信、公众号、抖音等新媒体，积极打造政、行、企、校、家"五位一体"生态文明网络实践育人平台，向全省甚至全国公众普及生态文明思想和生态环境保护知识，形成以一点带面、以一带全的实践育人效应，真正构建一体化育人体系。一体化育人体系不仅让学生在实践的过程中深刻领悟"为什么建设生态文明""建设什么样的生态文明""怎样建设生态文明"等重大问题，而且极大地提升专业素养、专业技能与实践能力，培养了学生的工匠精神、担当精神与家国情怀。

四、项目化呈现实践成果

学生从实践中形成的成果在老师的指导下项目化。各实践小组根据实际，自主选择提交总结类、报告类材料，也可以撰写校园新闻稿、制作微视频、申报大学生德育实践项目、参加创新创业创效比赛等，指导教师根据学生的实践表现和成果进行综合考核评价，将评价结果计入毛泽东思想和中国特色社会主义理论体系概论课程期终考试总分（占30%），同时作为学生评优评先、推优入党的主要依据，也作为学校推荐优秀毕业生、企业用人的重要依据。例如，学院 6 名环保类毕业生参与的"长沙市捞刀河流域取排水点及污染源现状调查"项目组的成果——《捞刀河流域取排水点及污染源现状调查报告》和 6 幅污染源点地图就成为特殊的求职简历，使学生备受用人单位青睐。至今学生实践成果连续六届在湖南省大学生思想政治理论课研究性学习成果展示竞赛中入围决赛，获取佳绩；两个项目在湖南省大学生德育实践项目中立项；多个项目获得"挑战杯"全国大学生课外学术科技作品竞赛和湖南省"互联网＋"大学生创新创业大赛奖项；"大手拉小手、共筑中国梦"志愿服务项目荣获"第十一届中国青年志愿者优秀项目奖"，同时获"环境保护与节水护水"类项目国家级金奖。

效果启示

一、创新了各类学生参与生态文明建设的实践形式

学院紧紧围绕生态文明建设这一主题，结合污染防治攻坚战这一重大战略任务，精心设计三大实践模块，整合各方力量，构建政、行、企、校、家"五位一体"实践模式，最终打造适合环保类、非环保类大学生和中小学生共同参与的生态文明实践育人模式，实现"三全育人"目标。

二、打造了"双师型"实践指导名师队伍

学院党委积极主动对接主管部门——湖南省生态环境厅，承担各类污染防治攻坚战项目，与环保企业积极开展项目合作，通过出台实践育人教师指导办法等制度，鼓励教师投入到实践育人活动中，打造了一批"双师型"指导名师队伍，其中有 2 名教师获"南京321 科技型创新领军人才"，1 名教师获得"湖南省 121 创新人才"，2 名教师荣获"全国生态文明教育创新人物"，极大提升了实践育人活动成效。

三、培育了具有生态文明理念的新时代环境卫士

"五位一体"实践育人模式开展近五年来，培养了一批新时代环境卫士。毕业生就业率连年上升，学院被评为"湖南省普通高校毕业生就业工作一把手工程优秀单位""公民生态环境行为规范宣教基地""全国生态文明教育特色学校"，如今湖南省各县市区的环保局的环保骨干大多是环保职院的毕业生。

第三节　以技术差序项目育人推进生态环境类专业人才培养

习近平总书记在全国生态环境保护大会上强调："要建设一支生态环境保护铁军，政治强、本领高、作风硬、敢担当，特别能吃苦、特别能战斗、特别能奉献。"近年来，长沙环境保护职业技术学院（简称学院）作为全国第一所环保类国家公办全日制高职院校，开展了一系列教育教学改革，为培养生态环保领域的高水平技术技能人才、培育环保铁军后备人才做出了有效探索。

一、长沙环境保护职业技术学院办学特色

学院 1979 年建校，2002 年升格为高职学院，是湖南省示范性高职学院、教育部人才培养工作水平评估优秀高校、生态环境部与湖南省人民政府共建高职院校。[①] 是全国首批获得 ISO9001：2015 质量管理体系认证、全省首个获批人社部"国家专业技术人员继续教育基地"的职业院校，是生态环境部"全国环保干部培训基地""湖南省专业技术人员继续教育基地""湖南省教育科学研究基地"和"湖南省环境保护与教育科普基地"、湖南省第二批"三全育人"综合改革试点高校、全国环境保护行业职业教育教学指导委员会秘书单位。环境工程技术、环境管理与评价、环境生态修复技术等 24 个紧贴行业产业需求的专业，拥有生态环境工程和环境监测与管理两个省级一流特色专业群，已基本形成与生态文明建设相适应、涵盖生态环境保护行业主要职业岗位群和具有鲜明特色的专业格局，并领衔制定多个专业的全国职业教育专业简介和教学标准。

学院秉承"物我同舟、天人共泰"的校训，突出"技术服务社会，实践融入教学"的办学特色，建校 42 年来，累计培养环保技术人才 5 万余人，在蓝天、碧水、净土保卫战、农村人居环境整治、环保产业发展等方面发挥了重要作用，提供了强有力的人才支撑。近年来，在生态环保人才培养、技术服务社会等方面取得一定成绩，《2020 年湖南省高等职业教育质量年度报告》显示，学院在"育人成效"和"科研与社会服务"方面进入全省 20 强。2021 年中国高职院校科研与社会服务竞争力评价在全国 1489 所高职院校中排名前 20%。

1. 培育时代新人，落实立德树人根本任务

（1）坚持价值引领，全面推进"三全育人"。学院始终坚持以德为先，能力为重，全面发展的人才培养观，全面加强课程思政建设，突出课程育人和实践育人，着力构建全员、全过程、全方位"三全育人"格局。2020 年，立项为湖南省第二批"三全育人"综合改革试点高校，在全省职业院校思想政治教育教学能力比赛中，水处理技术课程获得"课程思政"赛项一等奖。近年来，学院在脱贫攻坚、抗击新冠疫情等重大民生工作中涌

---

①　长沙环境保护职业技术学院官网［EB/OL］. 2021 - 10 - 21. https：//www. hbcollege. com. cn/column/intro/in-dex. shtml.

现出一批先进典型，立德树人成效显著。2019 级学生杜臻荣获"湖南省抗击新冠肺炎疫情先进个人"称号，是全省唯一获此殊荣的在校大学生；2003 级校友索南杰布荣获"全国脱贫攻坚先进个人"称号。

（2）强化专业技能，提升学生综合素养。学院以赛促教、以赛促学、以赛促创、以赛促建，着力打造高素质技能人才队伍，并在各项重要赛事中取得优异成绩。近三年来，学院在全国、全省学生职业技能大赛、教师职业能力竞赛、创新创业大赛等专业赛事中成绩优异，在省赛中获奖 100 余项，在全国赛中获奖 20 余项。其中，2019 年全国职业院校技能大赛教学能力比赛中，作品"激浊扬清——颗粒物去除技术"荣获一等奖；2020 年第六届中国国际"互联网＋"大学生创新创业大赛中，"天下无臭——基于高效复合菌剂的恶臭治理技术"项目从 147 万个项目脱颖而出获得职教赛道银奖。

（3）深化产教融合，促进校企双元育人。2018 年立项教育部第三批现代学徒制试点单位，2021 年顺利通过项目验收。与北控水务集团、杭州聚光科技有限公司和湖南力合科技股份有限公司等国内、省内有实力的环保行业领军企业等开展合作，湖南首家产业学院——北控水务学院落户学院，不断深化"引企入教"改革。学院毕业生以"能吃苦、上手快、下得去、留得住"的良好信誉受到用人单位的欢迎。为向环保一线输送更多人才，学院正积极探索为基层定向培养环保特岗人员的培养模式，推进产学研用一体化，提升教育服务区域发展战略水平。

（4）提升服务能力，助推学生就业创业。学院全面贯彻落实党中央、国务院决策部署，把就业工作作为重中之重，主动作为、精准发力。学院连续四次被评为"湖南省普通高校毕业生就业工作一把手工程优秀单位"。2019 年，入选"湖南省高校大学生创新创业孵化示范基地"。2020 年，2015 届毕业生肖化胜被评选为"湖南省高校大学生就业创业优秀典型人物"。学院积极搭建中高职人才培养立交桥，畅通环保技术技能人才成长渠道。

2. 打造环保智库，提升技术服务社会水平

（1）加强平台建设，与行业企业联合开展技术研发工作。学院建设有"教育部环境与食品安全应用技术协同创新中心""湖南省环境保护大气挥发性有机污染物监测与控制工程技术中心""湖南自然保护地监管政策与技术研究中心"等协同创新平台，积极开展大气有机污染物监测技术体系研究及自然生态和生物多样性研究等工作，为区域生态环境监管和监测、为生态修复等专业的科研和教学工作提供服务。积极谋划与生态环境部共建卫星环境应用中心湖南分中心，充分利用遥感技术服务生态环保，提升学生现代技术掌握水平，促进生态环境高水平保护。

（2）以重点项目为抓手，不断提升科研水平。总体来看，学院的省自科基金项目、省教育科学规划课题等科研项目立项数与立项率位居全省高职院校前列。主持了全国教育科学规划课题教育部重点资助项目，主持立项了联合国开发计划署全球环境基金项目《建立和实施遗传资源和相关传统知识获取与惠益分享国家框架项目》、生态环境部环境规划院科研项目《长沙市长江经济带战略环境影响评价"三线一单"编制项目——长沙市土壤环境风险防控底线及分区管控研究》和《湖南省排污许可证技术支撑项目》等高水平项目。协助省生态环境厅承担编制的《湖南省生态环境保护工作责任规定》《湖南省

重大生态环境问题（事件）责任追究办法》于 2018 年正式发布实施。科研团队撰写的研究咨询报告连续六年编入《湖南省人民政府蓝皮书》。

（3）持续发挥国家级、省级培训基地优势，广泛开展社会培训与技术服务。学院依托生态环境部国家环境保护培训基地、人力资源和社会保障部国家级人员继续教育基地、湖南省环保干部培训中心和湖南省教育科学环保人才培养研究基地优势，每年开展全国各级各类培训 50 余期，培训生态环境保护干部和技术人员 5000 余人次，已构建横跨东、中、西部区域的专业技术培训体系，并联合中国环境科学研究院等部属单位和国内一流高校学者专家组成"生态环境管理干部培训师资库"，共同开展技术服务。

3. 深化志愿服务，推动人与自然和谐共生

（1）积极筹建湖南省生态文明教育与研究中心，大力宣传习近平生态文明思想。湖南省生态文明教育与研究中心负责开展生态文明宣传、教育与研究工作，为本省生态文明建设提供理论、决策等方面支持与服务，并为生态文明研究专业人才提供开放、探索和实践平台，有力促进本省生态文明建设专业人才队伍建设。学院成立了习近平生态文明教研室，开设习近平生态文明思想课程，用习近平新时代中国特色社会主义思想铸魂育人。

（2）充分发挥湖南省环境保护与教育科普基地和志愿服务品牌效应，开展生态环境科学普及和绿色低碳实践。学院充分发挥"绿色卫士名师宣讲团""大手拉小手"等志愿服务品牌效应，倡导"将自然融入环境教育、让环境教育自然发生"等公益理念，广泛开展一批旨在树立人与自然和谐共生观念的环境公众宣传教育项目和活动，通过科普介绍水、空气、土壤、噪音等方面的专业知识和生活常识，提升公众"人与自然和谐共生"的观念与行动自觉。同时，依托湖南省环境保护与教育科普基地，充分发挥学院人才和专业优势，牵手我省行业、企业、科研院所，普及环保知识、倡导绿色生活、引导低碳文明社会风尚，社会反响良好。

二、以"技术差序"为核心的"做学项目"育人创新实践

针对毕业生在基层环保工作中下不去、做不好、后劲不足等问题，学院基于 2008 年立项的湖南省教育科学规划重点课题《依托职教集团"四轮并进"的课程改革研究与实践》、2013 年湖南省社科基金课题《环境保护人才培养战略研究》，以及与湖南力合科技股份有限公司等共建的校企合作平台，将各类"做学项目"（"做中学"的真实技术项目）融入教育教学全过程，制定整体教学方案，按能级序化进行设计，构建了"技术差序"育人体系，铸造了一大批基层生态环保铁军。

本方案以差序格局、职业能力本位等理论为指导，构建"技术差序"理论体系，即根据高职学生掌握技术技能的岗位差、能级序的规律，基于时间、目标、载体、内容、机制等维度构建差序育人体系，以"做学项目"融入教育教学全过程，形成生态文化浸润模式、对岗定技施教模式、能力持续发展模式，促使学生德技双育、成长为生态环保铁军。[①]

---

① 吕文明. 运用技术差序体系 培养基层环保铁军［N］. 光明日报. 2021 – 07 – 29.

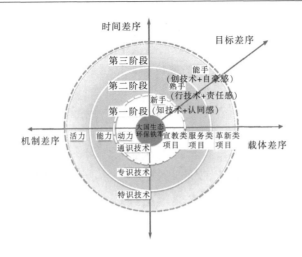

"技术差序"育人体系

通过整体设计实施方案，课程思政潜移默化，学生既能在课堂听取真实项目案例，也能参与10个以上的"做学项目"，确保了职业素养提升以及新知识、新技能、新方法的了解和应用，与就业无缝对接。环境工程技术专业"技术差序"育人实施方案如下图。

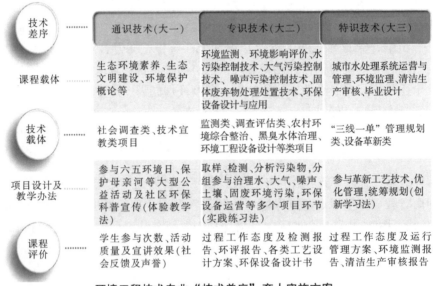

环境工程技术专业"技术差序"育人实施方案

1. 以通识技术激发扎根基层的动力，形成"生态文化浸润"模式

通识技术，包括基本原理、基本能力和基本态度等，是学生能力提升的起点。在第一阶段，以较容易的公益性技术宣教类项目为载体，学生参与生态环保的科普宣传，在"做宣教"中"学态度"，通过增设特色公共课程、开展丰富多彩的绿色校园文化活动等方式，将一、二、三课堂有机融合，确保课程思政百分百覆盖，在绿色生态文化浸润中不断激发学生扎根基层的动力，让学生理解并认同将从事职业的价值和意义，渐进提升技术获知能力。

差序化提升通识技术的具体方法如下：首先，通过沉浸体验，激发热爱感知。将"走进自然"等体验类项目融入生态环境素养等公共课中，每年 3000 余新生参观校外生态植物园、江河湖泊等，激发学生热爱生态环保的情感。其次，通过案例剖析，培养建设认知。与企业共建国家空气监测平台、校园污水处理平台等校内实训基地，将"世界水日"等宣教项目转化为教学案例，培养学生环保认知。最后，通过实践参与，探求扎根觉知。结合六五环境日等实践类项目，组织学生走进社区、企业等进行环保科普宣传，提升学生环境素养。

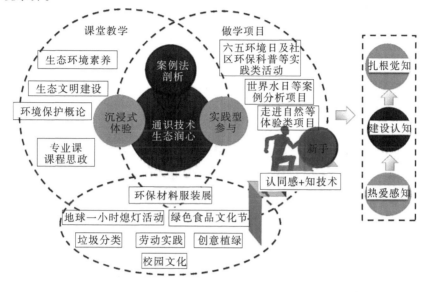

"通识—浸润"模式图

2. 以专识技术培养服务环保的能力，形成"对岗定技施教"模式

专识技术，包括专门知识、专业能力和工匠精神等，是学生能力提升的关键。在第二阶段，对接生态环保的监测、工程、评价等精细岗位，精准确定专业核心技能，再确定相应课程，将真实项目转化为课程资源。以渐难的技术服务类项目为载体，以育人双主体（学校＋企业）、岗位双目标（素养＋能力）、教学双场所（校内＋校外）的方式开展专业课教学，以项目完成情况和态度作为学生学业成绩评定的依据。这样，通过"对岗→定技→定课程→定教法→定评价"来开展系列教学改革，学生逐步在"做服务"中"学技能"，提升职业责任感，渐进增强技术践行能力。

差序化提升专识技术的具体方法如下：首先，通过样本诊断，提升分析能力。将"全国土壤污染源普查"等监测类项目融入环境监测等专业课程，学生参与现场调查和样本诊断。其次，通过方案优化，提升设计能力。将湖南生态状态变化调查等评估类项目融入环境污染防治等专业课程，指导学生参与制定各类对策设计方案。最后，通过项目实施，提升执行能力。将农村环境综合整治等治理类项目融入专业课程，形成执行方案，并引导学生参与项目运行，学生足迹遍布湖南 14 个地州市。

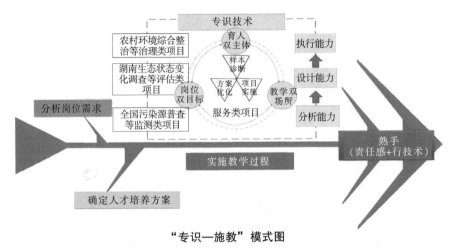

"专识—施教"模式图

3. 以特识技术增强职业发展的活力，形成"能力持续发展"模式

特识技术，包括内隐知识、攻关能力和创新精神等，是学生能力提升的难点。在第三阶段，以较难的技术革新类项目为载体，打造"行企校"协同教学团队，学生在"做创新"中"学发展"，树立职业自豪感，渐进提升技术开创能力。在校生和毕业生均可参与学校组织的创新创业活动、"云学院"技术咨询、继续教育培训等，并在五年内为毕业生提供创新创业孵化支持，打通在校学习与终身学习壁垒，关注学生终身成长，促进可持续发展。

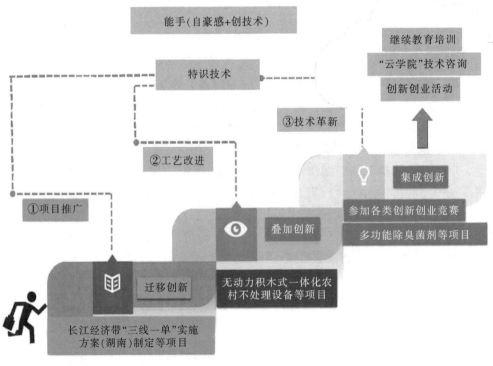

"特识—发展"模式图

差序化提升特识技术的具体方法如下：首先，通过项目推广，实现迁移创新。以"长江经济带'三线一单'实施方案（湖南）制定"等项目为载体，教师引导学生筛选类似项目，并将已获成功经验推广至这些项目中。其次，通过工艺改进，实现叠加创新。开发并承接"无动力积木式一体化农村污水处理设备"等技术革新项目，师生共同将所学技术方法重组、叠加、再创造，培育学生的创新能力。最后，通过技术革新，实现集成创新。师生共同承担"多功能除臭菌剂"等专利的研发、技术成果应用与转化，鼓励学生以项目成果参加各类创新创业竞赛，促成企业新产品、新工艺的产生。

三、与"做学项目"育人匹配的"四感四能"基层环保人才培养路径探索

1. 职业教育人才培养存在的问题

（1）"职业特质"不鲜明的问题。职业教育的特色体现在"职业特质"，但目前职业院校存在"职业特质"不鲜明的现实问题，具体表现在人才培养理念及培养目标与行业需求、职业岗位要求有差距，学生职业认同感不强、职业生涯规划不清晰，缺乏吃苦耐劳、甘于奉献的职业精神，工程思维能力与创新能力较弱等。

（2）职业教育与社会需求对接欠紧密的问题，重构人才培养路径。在满足社会需求上，当前职业教育存在行业产业链与专业链、课程体系与职业岗位、教学内容与职业标准、教学方法与技术技能要求、质量评价方式与真实质量水平对接不紧密、不顺畅、不对称等现实问题。

（3）职业教育人才培养配套机制不健全的问题，完善人才培养保障机制。当前职业院校存在教学平台实践性不够、教学团队结构不合理、教学管理制度不配套等人才培养配套机制不健全等现实问题。

2. 服务生态文明建设的基层环保人才培养路径

（1）提出"四感四能"基层环保人才培养目标

学院深入开展环保行业需求调研，透析行业特色与职业特质，破解基层职业岗位"下不去、做不了、留不住"的困境，创造性地提出了"四感四能"的基层环保人才培养目标。经过行业调研分析发现，基层环保岗位主要是在环境污染监测、治理、管理评价等技术服务一线，条件艰苦，需要既具有深厚的环境保护素养和理念，又要熟悉水、气、噪声、固废等环境保护技能，即"一专多能"的复合型人才，因而需要重塑培养目标，实施特色教育，从"德"和"技"两方面来培养具备"四感四能"要求的基层环保人才。"四感"是指职业认同感、社会责任感、大国自豪感、人类使命感，体现对基层环保人才"德"的要求；"四能"是指能判断、能评价、能治理、能创新，体现对基层环保人才"技"的要求。

通过树立学生对环境保护事业的"四感"，解决"下不去"的问题；通过系统培养学生的"四能"，解决学生"做不了"的问题；通过"技术项目贯通"的特色育人路径，以课程思政为抓手，言传身教、潜移默化，解决学生"留不住"的问题。注重德技并修，实现毕业生"下得去、干得好、留得住"，满足基层环保人才需求，为符合习近平总书记2018年在全国生态环境保护大会上提出的生态环境保护铁军的要求奠定了良好基础。基

层环保人才的职业特质分析和培养要求详见表 6.1。

表 6.1　基层环保人才的职业特质分析和培养要求

职业特质分析	人才培养要求	环保铁军要求
环保行业工作环境比较艰苦；环保行业从业人员要求知识面广、技能熟练、经验丰富	职业认同感	政治强、本领高、作风硬、敢担当，特别能吃苦、特别能战斗、特别能奉献。
社会生产生活正常运转不能缺少环保设施；经济的可持续发展需要环保产业为地球各类资源保驾护航；环保设施超标排放、监测数据、评价报告，从业人员需承担法律责任	社会责任感	
中国的环保人绝不走发达国家"发展经济先污染后治理"的老路，中国的环保产业与经济发展齐头并进；中国作为世界大国，为全球节能减排承担更多任务，中国环保行业人有能力承担这个任务	大国自豪感	
生态环境是人类生存最为基础的条件，是人类持续发展最为重要的基础；人与自然是生命共同体，人类发展活动必须尊重自然、顺应自然、保护自然，这是人类必须遵循的客观规律	人类使命感	
能通过对反映环境质量的指标进行监视和测定，判断环境污染状况和环境质量的高低	判断能力	
能对人为活动可能造成的环境影响进行论证评价，在评价的基础上提出防治措施和对策	评价能力	
能采用科学的手段，设计工艺，治理已产生的环境污染	治理能力	
能指导人们进行各项环境保护活动，按既定的目标和措施合理分配排污削减量，约束排污者的行为，创造一个克服人类经济社会活动和环境保护活动盲目性和主观随意性的科学体系	创新能力	

（2）设计"技术项目贯通"的"四感四能"人才培养路径

①开发承接技术项目，融入专业体系发展。

关注人类生产生活排放污染现状，对接环保行业需求，将行业工作领域细分为监测环境指标、评价环境影响、治理环境污染、创新环境规划等，对接工作领域，设置包含环境保护类的核心专业以及支撑与扩展专业在内的专业体系，并根据专业建设与发展需要，开发或主动承接能对应不同专业类别的技术项目，将专业建设需要的技术宣教项目、技术服务项目、技术革新项目引入学院，促进特色专业体系发展，为"四感四能"人才培养奠定专业基础。

②分析选择技术项目，融入专业课程体系。

在建构主义思想的指导下，按照"分析、选择、解构、重构"理念，对应专业发展需求，分析选择不同类别技术项目，解构原有课程体系，重构新的课程体系。打破原有注重学科的课程体系，对接"四感四能"要求，秉承公共基础课专业化、专业课公共化的思路重构课程体系，将"四感四能"融入公共课、专业基础课、专业核心/拓展课。

对"四感四能"特质进行分解，不同课程各有侧重，环境素养等公共课，环境保护概论、环境保护法律法规等公共基础课在所有环保类专业开设，主要以培养"四感"为主，并让学生了解简单的专业技能，为"四能"培养奠定基础；对接"一专多能"复合型基层环保人才培养要求，专业核心/拓展课侧重培养学生的"四能"，同时通过实施课程思政将"四感"培养贯穿，专业核心/拓展课包含环境监测类、环境评价类、环境工程类、环境管理类等对应"四能"的特色课程，这四类课程在所有的环保类专业均有开设，其他专业核心课程对应不同专业"四能"的侧重点进行分设。根据不同课程"四感四能"的分解内容，分析选择不同类型的技术项目来对应不同课程，主要选择国家生态环境重点领域或重大战略技术项目来对接课程，公共课、专业基础课主要选择世界水日、六五环境日、保护母亲河等全球或全国公益性技术宣教项目来让学生参与，专业核心课程主要选择全国污染源普查项目、国家重大战略项目的子项目"三线一单"项目等来让学生参与，让学生在参与行业重大真实技术项目中领悟"四感四能"。以学院2015级学生为例的环境类主体专业课程设置与配套技术项目详见表6.2。

表6.2　技术项目融入课程体系一览表

"四感"培养	"四能"培养	课程名称	开设专业	课程定位	选择的主要技术项目
侧重职业认同感培养	了解简单的专业技能，为"四能"奠定基础	职业生涯规划、劳动教育	所有环保类专业	公共课	世界水日公益宣教活动；六五环境日公益宣教活动；保护母亲河公益宣教活动
侧重社会责任感培养		环境素养	所有环保类专业		
侧重大国自豪感培养		生态文明、国史党史	所有环保类专业		
侧重人类使命感培养		环境保护概论、环境保护法律法规	所有环保类专业	专业基础课	

"四感"培养	"四能"培养	课程名称	开设专业	课程定位	选择的主要技术项目
实施课程思政"四感"贯穿始终	能判断（是否超标）	水环境监测、大气环境监测、生物监测、固体废物及土壤监测	"环境监测与控制技术"专业	专业核心/拓展课	国务院下发的全国污染源普查项目的子项目：土壤污染源普查；国家重大战略项目的子项目："三线一单"项目
		环境监测、水质分析	其他环保类专业		
	能评价（污染影响）	建设项目环境影响评价、建设项目竣工环境保护验收、项目可行性研究与评估、清洁生产与循环经济	"环境评价与咨询服务"专业		湖南省生态状况变化遥感调查评估项目
		清洁生产审核、环境影响评价	其他环保类专业		
	能治理（污染控制）	水污染控制技术、大气污染控制技术、噪声污染控制技术、固体废弃物处理处置技术	"环境工程技术"专业		农村环境综合整治项目；黑臭水体治理项目；排污许可证申领指导项目
		环境污染防治、环境工程基础	其他环保类专业		
	能创新（管理规划）	企业环境管理、环境规划、环境质量管理、生态环境执法	"环境规划与管理"专业		全球环境基金项目：建立和实施遗传资源和相关传统知识获取与惠益分享国家框架项目；"三线一单"项目
		环境监理、环境管理	其他环保类专业		

③序化安排技术项目，融入教学实施过程。

以职业能力本位论为指导，将真实技术项目转化成真实情境的教学项目，技术项目融入教学内容、教学手段、教学方式等教学实施全过程，并按照由易至难的能力培养顺序，序化安排技术项目，拆解任务到每一教学环节。

在大一，主要以较容易的技术宣教项目为依托，教师言传身教，带领学生共同完成项目；学生耳濡目染、观摩见习真实技术项目，能尽早熟悉工作领域，理解并认同将从事职业的价值和意义，产生大国自豪感，使学生初步形成人与自然和谐相处的意识，形成生命共同体意识。

在大二，主要以渐难的技术服务项目为载体，学生主要参与技术服务项目，培养学生的"四会"能力，以育人双主体（校＋企）、岗位双素养（德＋技）、场所双效能（生产＋教学）的模式开展专业课教学，全面培养学生的"四能"。同时，专业课结合思政课，构建"思政课程＋课程思政"大格局，推进全员、全过程、全方位"三全育人"，以"四感"为思政主线，培养学生的职业素养、社会情怀、职业自信和职业使命。

在大三，以较难的"技术服务＋技术革新项目"为载体，以工作小组的方式，在教师的引导下，学生工作小组独立完成技术服务项目，同时部分有基础的学生参与教师的技术革新项目，师生共同承担技术标准的编制、专利的研发、技术应用与转化等，提升学生的"四感"，锻炼学生的工程思维能力和创新能力。

④完成检验技术项目，融入质量评价。

改革传统的试卷考试质量评价方式，将课程教学质量与技术项目完成检验的质量相对应。技术项目的质量由行业、企业、政府部门等项目管理部门来检验，项目完成检验等级为"优秀""良好""合格""暂缓验收"等。学生的课程成绩直接以其参与技术项目的完成度、完成质量及水平来定，以学生在平时项目开展过程中对项目的理解、工作态度、责任心、担当精神（侧重"四感"）以及技术难度、完成度（侧重"四能"）等来定课程成绩等级。如项目验收完成等级为"暂缓验收"，则教师引导学生查找原因，改进项目完成方式，力争下次合格。

（3）构建支撑"四感四能"人才培养的保障机制

为保障"技术项目贯通"的基层环保人才培养实践，学院在教学团队组建、教学平台搭建、教学管理制度构建上，注重"项目导向"，为真实项目的开发与承接、真实项目融入教学的引导与实施、管理与评价等提供保障。

①搭建协同教学平台，夯实项目教学，奠定教学基石。

学院搭建了"项目导向"产学研一体的教学平台，现有技术宣教类、技术服务类、技术革新类、技术培训类等，详见表6.3。

②培育协作教学团队，引导项目教学，力促师资先行。

学院打造了专兼结合、协作一体的教学团队，由行业企业大师、一线高素质技术技能人才、在校教师等构成，引导项目教学的实施，力促师资先行。校内、外教师全程参与，校内教师进行教学性生产，校外导师进行生产性教学，理论指导实际生产，实训任务为企业研发打基础，实习对应就业创业人才需求，实现教学性生产系统与生产性教学系统的协调发展，推进双师素质建设，形成各有所长，优势互补的协作教学团队。

③构建合理教学制度，规范项目教学，支撑同向同频。

为保障项目教学的顺利实施，构建同向同频、科学合理的教学管理制度，构建了《学院专业建设与管理办法》《学院课程建设与管理办法》《学院产学研平台建设与管理办法》《学院教学团队建设与管理办法》等教学制度，以规范与保障技术项目导向的"四感四能"人才培养的顺利开展。

表 6.3 "项目导向"产学研一体的教学平台一览表

平台类别	具体名称	基本情况	主要功能
技术服务类教学平台	1. 教育部现代学徒制试点单位	教育部立项、学院牵头与多家企业合作办学，并为企业提供技术服务	开发并承接反映行业、企业最新实际问题的技术服务类项目，协同育人
	2. 北控水务学院（厂中校）	湖南省首家高职院校"产业学院"，与中国五百强企业——北控水务集团协同打造	
	3. 学院产学研合作公司（校中厂）	湖南省高职院校最早一批成立的"校中厂"，在国内率先获得国家环评乙级资质	
技术革新类教学平台	4. 教育部环境与食品安全应用技术协同创新中心	由教育部立项、湖南省内高职院校为数不多的国家应用技术协同创新中心	开发并承接政府、行业、企业等反映新技术、新标准、新工艺、新流程的技术革新与转化项目，着重培养学生创新创业能力
	5. 湖南省环境保护大气挥发性有机污染物监测与控制工程技术中心	湖南省生态环境厅立项、联合行业企业协同打造	
	6. 湖南省自然保护地监管政策与技术研究中心	湖南省生态环境厅立项、联合行业企业协同打造	
	7. 湖南省创新创业孵化基地	学院牵头、与行业企业合作进行技术创新成果的孵化、应用与转化	
	8. 学院环境生物技术研究所	学院率先成立的校内技术研究机构	

续表

平台类别	具体名称	基本情况	主要功能
技术宣教类教学平台	9. 教育部职业技术教育中心研究所首批基层联系点	教育部职业技术教育中心研究所、学院牵头，联合行业企业进行环保人才培养案例研究与宣传推广	师生开发并主动承接技术宣教类项目，协同育人
	10. 湖南省环境保护与教育科普基地	湖南省科技厅立项、学院联合行业企业等协同打造	
	11. 湖南省教育科学环保人才培养研究基地	湖南省教科院立项、学院联合行业企业等协同打造	
	12. 学校学生社团	10 余个环保类学生社团，每年组织保护母亲河等学生志愿者活动，向社会宣传环保知识，提升学生环境素养	
技术培训类教学平台	13. 国家级专业技术人员继续教育基地	人社部立项、湖南省内高职院校唯一	引入生态环境部、湖南省生态环境厅专家库专家，邀请行业知名人士来校培训教师及学生，协同育人
	14. 国家环保干部培训基地	生态环境部立项、湖南省内高职院校唯一	
	15. 湖南省环保干部培训基地	湖南省生态环境厅立项、学院牵头打造	

四、学院"做学项目"育人的主要成效

1. 铸造了大批基层生态环保铁军

项目实施以来，学生的各方满意度提升至 95% 以上，湖南省各县市区环保骨干 96% 以上为学院毕业生。涌现了由习近平总书记亲自颁奖的索南杰布等一批杰出代表，力合现代学徒制班毕业生 100% 下到基层，并逐渐成长为技术骨干，具体见表 6.4。

表 6.4　优秀毕业生主要获奖一览表

毕业生姓名	获奖时间	荣誉名称	荣誉颁发机构
索南杰布	2021 年	全国脱贫攻坚先进个人	中共中央、国务院
索南杰布	2021 年	中国青年五四奖章	共青团中央
索南杰布	2019 年	全国脱贫攻坚奖贡献奖	国务院扶贫开发领导小组
姜鹏鹏	2015 年	全国劳动模范	中共中央、国务院
马青	2019 年	人民满意公务员	中共组织部、宣传部

毕业生姓名	获奖时间	荣誉名称	荣誉颁发机构
王芳	2009 年	全国三八红旗手	中华全国妇女联合会
周孟春	2020 年	中央企业抗击新冠肺炎疫情先进个人	国务院国资委
黄道兵	2019 年	全国最美基层环保人	生态环境部、中国环境报社
苏日珍	2020 年	全国最美基层环保人	生态环境部、中国环境报社
彭文华	2017 年	五一劳动奖章	湖南省总工会
肖劲羽	2019 年	湖南省最美基层生态环保铁军人物	湖南省生态环境厅
李建胜、唐永锋、易男、邓琴	2020 年	湖南省最美基层生态环保铁军人物	湖南省生态环境厅
陈小红	2021 年	湖南省最美基层生态环保铁军人物	湖南省生态环境厅
陈洪为、苏日珍、石志勇、韦莉萍、韦石贤	2020 年	广西最美环保人	广西壮族自治区

2. 储备了大量服务生态文明建设的技术技能人才

近年来，环境类专业在课程教学中实施"做学"项目近 300 个，参与学生 15000 多人次；已运行十多年的绿色卫士宣讲大队入选省直机关志愿服务项目；"大手拉小手"环保志愿服务项目获全国志愿者服务大赛金奖。近五年学生获省级以上技能竞赛共 153 项，其中国家级一等奖 3 项、二等奖 7 项。具体见表 6.5。

表 6.5　优秀在校生主要获奖一览表

学生姓名	获奖时间	荣誉名称	荣誉颁发机构
童欣	2018 年	共青团第十八次全国代表大会代表（湖南高职院校唯一）	共青团中央
杜臻	2020 年	湖南省抗击新冠肺炎疫情先进个人（湖南高校唯一在校生）	湖南省委、省人民政府
王炜炜	2018 年	全国大学生自强之星	共青团中央、全国学联
康琴	2021 年	湖南省高校首届最美大学生	湖南省委宣传部、省委教育工委、省教育厅

3. 增强了创新创业服务社会能力

师生共同开发 6 项国家行业标准、10 余项地方行业标准；获专利 40 多项；师生发明的微生物除臭菌剂入选湖南八大黑科技之一；毕业生创办大型环保公司 50 多家；学生在省级以上创新创业竞赛中获奖 65 项。

4. 学校声誉极大提升

全国各地职教同行来校交流年均达 500 人次以上，学院师生应邀参加全国各地经验介绍会议 100 余场次。开发制定《环境监测与控制技术》《环境工程技术》《环境评价与咨询服务》等国家专业教学标准供全国 100 多所开办此类专业的高职院校使用。

5. 行政部门充分认可

学院牵头编制《新型工业化背景下环保产业人才需求结构与培养模式案例研究》《长沙环境保护职院校企合作双主体办学案例》，成为教育部职教所报告案例，并作为深化我国职业教育改革的重要参考资料。湖南省政协副主席张健作出"长沙环境保护职院多年来探索出'技术差序'人才培养体系，培养了大批基层生态环保铁军，得到社会认可，该模式值得推广"的肯定性批示。

6. 行业企业高度评价

近五年来，学校毕业生对口就业率保持在 95% 以上，各方满意度均超 95%，连续四届被评为"湖南省普通高校毕业生就业工作一把手工程优秀单位"。

7. 主流媒体正面报道

《光明日报》以《运用技术差序体系 培养基层环保铁军》为题，对"技术差序"人才培养成效予以报道，《中国教育报》、人民网、《中国环境报》、新华网、《湖南日报》、湖南卫视等多家权威媒体进行宣传推广，引发全社会关注。